OS REIS DO SOL

STUART CLARK
OS REIS DO SOL

Tradução de
LAURA RUMCHINSKY

Revisão técnica de
RONALDO MOURÃO

1ª edição

EDITORA RECORD
RIO DE JANEIRO • SÃO PAULO
2016

CIP-BRASIL. CATALOGAÇÃO NA PUBLICAÇÃO
SINDICATO NACIONAL DOS EDITORES DE LIVROS, RJ

C544r   Clark, Stuart
        Os reis do sol: a inusitada tragédia de Richard Carrington e a história do
        começo da astronomia moderna / Stuart Clark; tradução de Laura Rumchinsky.
        – 1ª ed. – Rio de Janeiro: Record, 2016.
        il.

        Tradução de: The sun kings
        ISBN 978-85-01-08942-7

        1. Carrington, Richard Christopher, 1826-1875. 2. Herschel, William,
        1738-1822. 3. Herschel, John F. W. (John Frederick William), 1792-1871.
        4. Maunder, E. Walter (Edward Walter), 1851-1928. 5. Hale, George Ellery,
        1868-1938. 6. Astrônomos – Grã-Bretanha – Biografia. 7. Erupções solares
        – Observações – História – Séc. XIX. I. Título.

                                CDD: 925.2
13-01908   CDU: 929:52

Texto revisado segundo o novo Acordo Ortográfico da Língua Portuguesa

Título original em inglês:
THE SUN KINGS

Copyright © Princeton University Press, 2007

Todos os direitos reservados. Proibida a reprodução, armazenamento
ou transmissão de partes deste livro através de quaisquer meios, sem
prévia autorização por escrito.

Direitos exclusivos de publicação em língua portuguesa para o Brasil
adquiridos pela
EDITORA RECORD LTDA.
Rua Argentina, 171 – 20921-380 – Rio de Janeiro, RJ – Tel.: (21) 2585-2000,
que se reserva a propriedade literária desta tradução.

Impresso no Brasil

ISBN 978-85-01-08942-7

Seja um leitor preferencial Record.
Cadastre-se e receba informações sobre nossos
lançamentos e nossas promoções.

Atendimento direto ao leitor:
mdireto@record.com.br ou (21) 2585-2002

EDITORA AFILIADA

Para Nikki,
que perdeu temporariamente seu marido para
a corte dos reis do Sol.
Estou de volta agora.

Sumário

Agradecimentos	9
PRÓLOGO Os anos do cão	11
1. A primeira andorinha do verão, 1859	21
2. O grande absurdo de Herschel, 1795-1822	39
3. A cruzada magnética, 1802-1839	65
4. No compasso do Sol, 1839-1852	77
5. Observatório noturno e diurno, 1852-1858	91
6. A perfeita tempestade solar, 1859	101
7. Nas garras do Sol, 1801-1859	115
8. O maior de todos os prêmios, 1860-1861	121
9. Morte em Devil's Jumps, 1862-1875	143
10. O bibliotecário do Sol, 1872-1892	157
11. Nova erupção, nova tempestade, nova compreensão, 1892-1909	177
12. Jogo de espera	199
13. A câmara de nuvens	213
EPÍLOGO Fonte de magnetar	225
Bibliografia	227
Índice	245

Agradecimentos

Peter Tallack, por acreditar no projeto e nunca ter desistido dele.

Ingrid Gnerlich, simplesmente por ter "captado a ideia" no próprio momento em que viu a proposta.

Nicola Clark, por partilhar comigo os altos e baixos deste projeto e ser minha indispensável caixa de ressonância em todas as questões de língua inglesa.

Peter Hingley, por seu apoio irrestrito; sem ele, este livro teria sido uma obra menor.

Mary Chibnall, por conseguir sempre atender minhas solicitações à biblioteca, por mais vagas que fossem minhas referências.

Norman Lindop, por despertar meu interesse em Carrington com uma tese que reuniu muito do material sobre sua vida.

Norman Keer, um dos últimos moradores da casa-observatório de Carrington em Redhill, por partilhar comigo suas décadas de investigações como amador e sua paixão genuína por tudo que se refere a Carrington.

Owen Gingerich, por me surpreender com seu entusiasmo pelo livro.

Dava Sobel, por se mostrar tão interessada no projeto.

Latha Menton, por tomar as providências iniciais.

Sheila Simons, por me auxiliar a investigar os nascimentos, mortes e casamentos da família Carrington.

Todos os que ajudaram com aconselhamento técnico e histórico, que leram todo o manuscrito ou partes dele e me ofereceram seus comentários: Pål Brekke, Lars Bruzelius, Ed Cliver, Bernhard Fleck, Anthony Kinder, Chris Kitchin, Nick Kollerstrom, Gurbax Lakhina, Jack Meadows, Paul Parsons, Jay Pasachoff, Peggy Shea, George Siscoe, Harlan Spence, Willie Soon, Amarendra (Bob) Swarup, Bruce Tsurutani, David Whitehouse e David Willis.

A todos os que colaboraram e a todos aqueles cujos trabalhos eu li, minha gratidão não tem tamanho. Vocês ajudaram a fazer esses astrônomos mortos voltarem à vida, não só para mim, mas também para os leitores. O sucesso que este livro vier a ter cabe também a vocês.

PRÓLOGO

Os anos do cão

Dizem que os cães envelhecem sete vezes mais rápido que os humanos. Ninguém está mais consciente disso do que os homens e mulheres responsáveis por um velho cão de guarda eletrônico, que trava uma batalha diária contra a decrepitude em nome da ciência. O Observatório Solar e Heliosférico, conhecido universalmente como SOHO (sigla do nome em inglês, Solar and Heliospheric Observatory), é um animal eletrônico, estacionado a uma distância de 2,4 milhões de quilômetros, em um dos ambientes mais hostis, onde não se esperava que alguma espaçonave pudesse sobreviver. Ali, SOHO é continuamente bombardeado, não apenas pela luz, pelo calor e pelos raios X do Sol, mas também por um vento de átomos fragmentados, lançados ao espaço pelas imprevisíveis forças solares.

Se esse cão de guarda fosse um animal de carne e osso, esse ataque violento há muito tempo teria desencadeado um câncer fatal. No mundo das máquinas, o equivalente seria uma degeneração inexorável, pois o bombardeio subatômico gradualmente corrói os órgãos eletrônicos da espaçonave. Em 2003, após quase oito anos no espaço, SOHO deixou de contar com algumas câmeras e outros sistemas eletrônicos. Sua antena não mais conseguia apontar na direção correta, e sua capacidade de captar a luz solar como energia estava reduzida a quase um quinto. Contudo, continuou a prestar seu serviço, monitorando constantemente a superfície efervescente do Sol, em busca de pistas que pudessem algum dia solucionar um mistério de 150 anos: por que enormes explosões assolam o Sol de tempos em tempos. E, mais importante, como elas nos afetam quando a Terra se encontra acidentalmente na rota da onda de choque.

O Sol é o coração do nosso sistema solar. É uma imensa esfera de gás, com mais de cem vezes o diâmetro da Terra. A temperatura de sua superfície é de 6 mil graus Celsius; seu núcleo chega a bem mais de 10 milhões de graus. Sua gravidade guia a Terra e os outros planetas em suas órbitas; seu calor proporciona a energia vital para plantas e animais na Terra. Assim como um coração, o Sol também pulsa. Esse movimento não é visível, consistindo em um acúmulo gradual de força e um subsequente enfraquecimento da gigantesca bolha magnética que emana do interior do Sol e envolve todos os planetas. Como convém a um corpo celeste com cerca de 4,6 bilhões de anos de idade, cada uma dessas pulsações magnéticas leva onze longos anos, mais ou menos, para se completar.

Assim, na carreira média de um cientista, pode-se esperar que isso ocorra quatro vezes. O que torna o entendimento sobre o Sol tão difícil quanto um biólogo tentando deduzir o ciclo de vida de uma criatura desconhecida observando-a apenas durante o tempo de testemunhar quatro batidas de seu coração. Por conseguinte, a astronomia solar é uma ciência para várias gerações. Cada novo grupo trabalha para acumular um legado de observações mais apurado para os que virão a seguir.

Ninguém sabe quando tal conjunto de provas estará suficientemente farto para proporcionar a compreensão necessária, ou quando a tecnologia estará madura o bastante para proporcionar a observação incisiva final. Cada nova geração de astrônomos trabalha com a mesma ambição que norteou seus antepassados científicos: que sejam eles a desvendar finalmente o mistério do Sol. Quando ocorreu um intenso surto de atividade solar em 2003, os astrônomos do SOHO perceberam que estavam diante da oportunidade de suas vidas — se sua espaçonave conseguisse sobreviver.

Durante os meses de outubro e novembro daquele ano, o Sol foi sacudido por uma sucessão de explosões conhecidas como erupções solares, os mais potentes eventos que podem ocorrer no sistema solar. Diante de uma erupção solar, uma bomba atômica pareceria um fogo de artifício e, ao longo dos quatorze dias abrangendo o período de Halloween, cerca

PRÓLOGO

de dezessete delas explodiram em todo o Sol. Cada uma provocou um poderoso "sismo solar" e engolfou SOHO em uma onda de radiação debilitante. Algumas delas também desencadearam grandes erupções, cada uma das quais expelia para o espaço bilhões de toneladas de gás carregado de eletricidade, com poder para destroçar qualquer coisa que estivesse em seu caminho, fosse a minúscula espaçonave SOHO ou todo o planeta Terra.

Os cientistas observavam, imersos em um misto de excitação, espanto e temor. Ninguém sabia quanto tempo SOHO poderia sobreviver sob circunstâncias normais, e muitos anos naquelas condições. Os controladores do SOHO pouco podiam fazer além de esperar pelo melhor, aguardando em suas salas no Centro de Voos Espaciais Goddard da Nasa, em Greenbelt, enquanto assistiam a sua nave recebendo o pior castigo de sua vida.

Apenas algumas semanas antes, não havia nenhum indício de tal atividade na superfície ardente do Sol. Na verdade, ele estava tão calmo que os cientistas começavam a pensar que ele havia se acomodado em uma de suas periódicas fases de repouso. Então o Sol começou a tremer.

SOHO captou essa palpitação solar no início de outubro, e os cientistas começaram a procurar sua causa. Não conseguiram descobrir nada na face visível e, assim, concluíram que algo na outra face estava desfechando ondas de choque por todo o Sol. Eles não tinham alternativa a não ser esperar que ele completasse sua lenta rotação para poderem visualizar o que quer que estivesse ocorrendo.

Em 18 de outubro eles localizaram uma mancha mais escura perto da borda leste do Sol. No começo, mal era visível, pouco maior do que uma pequena marca. Vinte e quatro horas depois, havia crescido até tornar-se uma ferida feia, sete vezes maior do que a Terra. Era uma gigantesca mancha solar. As manchas solares aparecem de tempos em tempos, mas costumam ser muito menores do que aquela monstruosidade. Ocorrem quando nódulos de magnetismo emergem do interior do Sol, resfriando o gás ao seu redor, fazendo com que este pareça mais escuro em comparação com o resto da superfície. Astrônomos do Oriente foram os primeiros a avistar as manchas solares milhares de anos atrás, observando-as a olho nu quando o Sol passava por trás de nuvens tênues ou de véus de neblina.

Hoje os astrônomos sabem que erupções muitas vezes explodem acima das manchas solares, e não levou muito tempo para aquela mancha ganhar ímpeto. A primeira erupção do Halloween ocorreu sobre a mancha intumescida em 19 de outubro. Seu jato de radiação quase imediatamente cortou as transmissões de rádio por cerca de uma hora na face iluminada da Terra. A explosão não reduziu a mancha, que continuou a se expandir, e o Sol continuou a tremer. Eles estavam intrigados. Aquela mancha em particular era quase desprezível quando apareceu, mas o Sol já estava agitado antes disso. Seria aquilo uma indicação de que uma outra mancha já totalmente formada estava a caminho?

As suspeitas se confirmaram em 21 de outubro, quando SOHO transmitiu a próxima de sua interminável sequência de imagens, atualizada a cada quinze minutos. Em um lado do Sol, os cientistas puderam ver as consequências de uma grande erupção que havia ocorrido fora de visão, sobre o horizonte leste do Sol. A erupção tomou a forma de uma nuvem de gás quente expandindo-se para o espaço. Imagens subsequentes daquele dia revelaram uma segunda explosão de gás fervilhante vinda do mesmo local. Mais uma imensa mancha devia estar assomando pela face oculta. Os cientistas calcularam que a rotação do Sol a traria para o campo de visão em alguns dias.

Enquanto isso, eles ainda tinham a primeira mancha gigante para observar. Em 22 de outubro, ela voltou a se manifestar, e, dessa vez, a explosão deflagrou sua própria erupção de gás solar. Maior do que um planeta, a erupção gasosa continha um coquetel infernal de partículas, a maior parte delas eletricamente carregadas, e todas a uma temperatura de alguns milhões de graus Celsius, correspondendo a cerca de 10 mil vezes o calor de um forno doméstico. Ao observar a nuvem de gás em expansão avançando para o espaço, eles compreenderam que uma parte dela atingiria a Terra.

Enquanto a luz e os raios X de uma erupção cruzam os quase 150 milhões de quilômetros que nos separam do Sol em apenas 8 minutos, cada estrondosa erupção de partículas leva entre 18 e 48 horas para chegar.

PRÓLOGO

Ao aproximar-se o momento do impacto, os astronautas Michael Foale e Alexander Kaleri se encolheram no módulo mais fortemente blindado da Estação Espacial Internacional, para escapar da tempestade mortífera. As companhias aéreas instruíram seus pilotos para reduzir a altitude, na esperança de que a atmosfera terrestre pudesse proteger passageiros e tripulações de doses de radiação mais altas do que o normal. Também desviaram os voos das rotas polares, que, segundo as pesquisas, são as mais vulneráveis a altos níveis de radiação durante as tempestades solares.

Cerca de meia hora antes de atingir a Terra, a tempestade passou sobre SOHO, desligando as câmeras e produzindo cargas elétricas que poderiam fazer os sensíveis equipamentos entrar em curto-circuito. SOHO sobreviveu, mas nem todos os satélites tiveram a mesma sorte. A primeira baixa eletrônica foi o satélite meteorológico Midori 2, da Agência Espacial Japonesa, que emudeceu durante o bombardeio e desde então não deu mais sinal de vida. Outros satélites apresentaram mau funcionamento ou se desligaram temporariamente, ficando à espera das mensagens de reativação dos controladores de terra.*

Na superfície da Terra, poucos problemas foram relatados, mas quem observava o céu notou a ocorrência de auroras brilhantes. Esses espetáculos naturais de luz são causados por partículas solares que colidem com as moléculas de nossa atmosfera. Normalmente ocorrem perto dos polos norte e sul da Terra, e sua intensidade é reconhecida como um barômetro para medir a atividade do Sol. Por ocasião do Halloween de 2003, o brilho espectral das auroras iluminou o céu muitas vezes.

À medida que o Sol girava, a mancha solar continuava a expelir uma rajada após outra de material eletrificado, que, a cada descarga, ficava progressivamente mais perto de atingir a Terra com um golpe direto. Em 26 de outubro, a mancha solar havia aumentado para mais

---

* Muitas vezes, isso ocorre porque a tempestade solar "cega" temporariamente os dispositivos de navegação dos artefatos espaciais. Essas pequenas câmeras, chamadas *rastreadores estelares*, observam as estrelas, para permitir que um veículo espacial saiba para onde está apontando. Com o rastreador desligado, o veículo não tem como saber sua trajetória. Para evitar que envie impulsos em todas as direções a fim de tentar corrigir seus problemas de equilíbrio constatados, a nave "adormece" e aguarda um sinal de despertar da Terra, quando o perigo tiver passado.

de dez vezes o diâmetro da Terra, tornando-a a maior em mais de uma década — e já não estava mais sozinha.

A segunda mancha solar finalmente apareceu pela borda leste do Sol, e era ainda maior do que a primeira. Ver uma mancha solar gigante era impressionante, mas duas era aterrador. Para anunciar sua chegada, o segundo nódulo serpenteante de magnetismo produziu uma erupção maciça, que emudeceu alguns rádios. Para não ficar para trás, a mancha original também se manifestou.

E continuou assim. Cada novo dia trazia uma nova erupção e explosão. A questão já não era se a Terra seria atingida, mas simplesmente qual seria a força do golpe.

Em 28 de outubro, os piores temores dos cientistas se concretizaram. Quando se alinhou com a Terra, a mancha original explodiu com a mais poderosa erupção já vista. Uma energia 50 bilhões de vezes maior do que a de uma bomba atômica foi liberada, provocando o colapso quase imediato das comunicações em todo o mundo. O sistema mundial de chamadas de emergências marítimas ficou inoperante por quarenta minutos, perdeu-se o contato com expedições no monte Everest e transmissões truncadas de rádio prejudicaram as equipes que combatiam o fogo em florestas da Califórnia. Dez vezes mais distante no espaço do que a Terra, a nave Cassini da Nasa estava orbitando Saturno, o planeta dos anéis, e também foi atingida por um deslocamento de ondas de rádio, liberadas pela erupção.

E não foi só isso; a erupção desencadeou uma enorme explosão solar, que arremessou para o espaço um bilhão de toneladas de gás a uma temperatura de um milhão de graus, exatamente na direção de SOHO e da Terra. Isso foi demais, mesmo para cientistas ávidos por informações. Eles enviaram um comando para SOHO, para passar para o "modo de segurança" de baixa energia, desligando o equipamento vulnerável. Continuar as operações em face dessa nova erupção seria o equivalente científico a empinar uma pipa no meio de uma trovoada usando para controlá-la uma corda de piano no lugar da linha. Assim, eles fecharam os olhos da nave e se concentraram apenas em mantê-la viva.

PRÓLOGO

Quando chegou à Terra, a tempestade estava violenta. A erupção solar havia projetado a explosão ao espaço, à assombrosa velocidade de 2.300 km/s. Dessa forma, os gases eletrificados levaram apenas doze minutos para colidir com a Terra, após atingir SOHO.

De novo, os satélites em órbitas terrestres começaram a comportar-se de modo errático. As companhias aéreas rapidamente alteraram suas rotas, instruindo todos os aviões a voarem abaixo do paralelo que passa pelo norte da Escócia, pela baía de Hudson até a extremidade inferior do Alasca e atravessa a Rússia (57 graus norte). Quando os controladores de tráfego aéreo impuseram essas restrições, os atrasos começaram a se acumular nos aeroportos. As altitudes dos voos foram fixadas em menos de 25 mil pés, e o combustível adicional necessário para enfrentar a atmosfera mais densa em pouco tempo provocou um aumento de custos de milhões de dólares.

Quando as partículas atingiram o escudo natural de magnetismo da Terra, correntes erráticas se espalharam pelas linhas de força do norte, vindo a danificar estações de energia e deixando no escuro 50 mil pessoas na Suécia. Nos Estados Unidos da América, a força de duas usinas nucleares de Nova Jersey foi reduzida, pois temia-se que pudessem ser danificadas pelas ondas de energia. Bússolas magnéticas oscilavam loucamente para frente e para trás quando os gases eletrificados que provinham do Sol atacavam nosso planeta.

Quando a tempestade amainou, a mancha solar disparou outra rajada de volume similar contra a Terra. Na verdade, entrando por novembro, erupções e explosões perturbaram nosso planeta repetidamente. Durante esse período, simplesmente não se podia confiar nas comunicações de rádio, a recepção da televisão por satélite tornou-se instável, telefones celulares pararam de funcionar em alguns países, e o GPS (Global Positioning System) fornecia leituras incorretas. Parecia o enredo de um filme de catástrofe tecnológica, e, à medida que as notícias se espalhavam pelo Centro de Voos Espaciais de Goddard, funcionários de outras áreas passavam diariamente nas salas de controle de SOHO para verificar a situação não só da nave, mas também do terrível bombardeio contra a Terra.

Finalmente, a situação começou a ficar mais tranquila quando a primeira mancha desapareceu pela borda oeste do Sol, deixando visível apenas a segunda. Foi aproximadamente nesse momento que o cinegrafista Ed Harriman enquadrou a imagem do pôr do sol sobre a devastada cidade de Bagdá, como parte de um documentário sobre a guerra que já durava oito meses. Ele captou o Sol se pondo por trás das nuvens de fumaça e poluição que vagavam sobre a cidade vencida. Quando rodou a fita, ele viu algo que não tinha notado antes. Tratava-se da segunda e monstruosa mancha solar, claramente visível sobre a face do Sol. SOHO continuou também a observar a mancha remanescente, à medida que ela se deslocava e se dirigia para a face oculta. Mas uma grande surpresa ainda estava reservada.

Em 4 de novembro, a nave captou novamente uma erupção solar explodindo acima dessa mancha e arremessando uma enorme quantidade de material solar para o espaço. Os monitores de raios X de várias espaçonaves registraram uma elevação que excedia sua capacidade. Embora não pudessem determinar imediatamente um número para a explosão, os cientistas que aguardavam estavam certos de uma coisa: aquela era a mais poderosa erupção solar daquele ciclo até então, possivelmente a mais poderosa jamais registrada. Ao trabalharem com os dados coletados antes de os instrumentos ficarem saturados, os números pareciam absurdos demais. Depois de conferirem duas e até três vezes, porém, não havia como fugir ao fato de que aquela erupção era pelo menos duas vezes mais poderosa do que a que havia causado tanto estrago na semana anterior.

Os astrônomos acompanhavam o fenômeno ansiosos. Se atingisse a Terra, podia causar danos incalculáveis a satélites, usinas de energia e outras formas de tecnologia. A radiação no interior de aviões em grandes altitudes poderia chegar a níveis extremos.

Felizmente, por ter ocorrido no horizonte do Sol, a explosão não foi direcionada para a Terra, e a erupção foi lançada para o espaço profundo. A Terra foi atingida apenas de raspão, com danos relativamente pequenos.

PRÓLOGO

Mas ninguém poderia ficar tranquilo com essa boa sorte. Ninguém havia feito algo engenhoso ou heroico; a Terra tinha sido poupada apenas por um feliz acaso. Nas semanas e meses seguintes muitos se perguntavam o que teria acontecido se uma tempestade solar tão maciça tivesse atingido a Terra com força total.

As respostas estão enterradas nos registros históricos de cerca de 150 anos atrás...

1

A primeira andorinha do verão, 1859

Assaltei o real barco; ora na proa,
Ora nos flancos, na coberta, em todos os camarotes,
Acendi o susto. Dividido, por vezes,
Inflamava-me em diversos lugares: sobre o mastro,
Nas vergas e no gurupés, em distintas chamas aparecia
Para numa, depois, me concentrar.

— *A tempestade,* William Shakespeare

Talvez não houvesse nenhum arrojo no desenho do clíper de três mastros *Southern Cross* [Cruzeiro do Sul], mas ele possuía uma elegância refinada quando saiu do estaleiro E. & H. O. Briggs em Boston e deslizou para as águas frias do Atlântico em 1851. Na busca por velocidade, os novos veleiros desse tipo vinham saindo dos atracadouros com linhas cada vez mais longas e esguias. O *Southern Cross,* no entanto, representava um retrocesso: mais curto, com 170 pés, e mais arredondado do que passara a ser a norma. Na proa, uma águia dourada em posição de voo guiava seu caminho.

O barco fora batizado com o nome da bela constelação que aparece no céu do hemisfério sul. Em Boston, essas estrelas não podem ser vistas, mas todos esperavam que o veleiro visse aquele agrupamento celeste muitas vezes, ao navegar costeando a extremidade da América do Sul, indo e voltando, na época da corrida do ouro na Califórnia.

Um redator do *Boston Daily Atlas* estava obviamente convencido das qualidades do navio. Em seguida ao lançamento, ele escreveu na edição de 5 de maio do jornal que "não deve haver nenhuma dúvida quanto ao seu sucesso como veleiro rápido e, mais ainda, quanto ao fato de ser um navio estável e seguro em mares agitados". Oito anos depois, em 2 de setembro de 1859, tais atributos foram severamente testados. O *Southern Cross* zarpara de Boston havia 84 dias, em sua rota para São Francisco (Califórnia), quando o capitão Benjamin Perkins Howe e sua tripulação literalmente viveram um inferno.

Era 1h30 da madrugada e o barco se encontrava no Pacífico, ao largo da costa do Chile, enfrentando uma violenta tempestade que vinha rugindo a noite toda. A chuva de granizo que caía e os vagalhões por todos os lados açoitavam o convés. Quando a espuma do mar arremessada pelo vento se dissolveu na vela do barco, os homens viram que estavam navegando em um oceano de sangue. Para onde quer que olhassem, as águas agitadas apresentavam um tom vermelho intenso. Voltando os olhos para o alto, perceberam a razão. Era óbvio, mesmo através das nuvens: o céu estava tomado por um fulgor rubro envolvente.

Os marinheiros reconheceram as luzes imediatamente. Tratava-se da aurora austral, um fenômeno sem explicação, cujo brilho misterioso costumava enfeitar os céus perto do Círculo Antártico, assim como sua equivalente boreal ocorria no Ártico. Ver as luzes austrais em um ponto tão ao norte como as águas da zona temperada do Pacífico era altamente incomum, em especial considerando a intensidade do fenômeno. Aquilo poderia ter sido um deleite, porém a faina de manter o difícil controle sobre o barco privou a tripulação da oportunidade de apreciar o espetáculo.

À medida que o turbilhão uivante se intensificava, eles notaram outras luzes estranhas, muito mais próximas do que as da aurora, que se agarravam ao próprio navio, criando halos ao redor das silhuetas dos topos dos mastros e dos lais das vergas. Essas novas aparições também eram familiares e tão inexplicáveis quanto a aurora. Os marinheiros as conheciam como fogo de santelmo. Sua costumeira chama branco-azulada frequentemente acompanhava as embarcações durante as grandes tempestades, mas naquela noite seu brilho pálido estava colorido com o mesmo matiz rosado que se via no céu.

A PRIMEIRA ANDORINHA DO VERÃO

O nome vem do santo padroeiro dos marinheiros, Erasmos,* que havia sido retalhado com um anzol de ferro em brasa quando de seu martírio. Embora as descargas elétricas vistas pelos marinheiros em geral fossem de uma cor diferente, eles entendiam que sua aparição durante as tempestades significava que o barco havia sido colocado sob a proteção de Sant'Elmo. Um público mais amplo veio a conhecer o fenômeno graças a Shakespeare, em *A tempestade,* onde é representado pelo duende Ariel, que descreve suas peripécias.

À medida que a noite se aproximava da alvorada, os marinheiros devem realmente ter sentido a necessidade de um conforto sobrenatural. Durante uma calmaria momentânea na tempestade, eles testemunharam um espetáculo ainda mais assombroso. Luzes cor de fogo assomavam pelo horizonte, como se algum incêndio terrível houvesse engolfado a Terra. Em outros momentos, raios fulgurantes cortavam o céu em traçados espiralados, subindo para o zênite antes de explodirem em fulgor silencioso, como se as próprias almas de toda a humanidade estivessem escapando de algum cataclismo que houvesse assolado o planeta.

A tormenta afinal amainou ao alvorecer, e a luz do sol que nascia fez desaparecer do céu a aurora. Quando chegaram a São Francisco em 22 de outubro, o capitão Howe e os oficiais do navio juraram que jamais haviam presenciado nada que igualasse a magnificência do espetáculo do dia 2 de setembro. Descobriram então que não haviam sido os únicos a passar por aquela experiência. A maior parte do mundo havia sentido os efeitos elétricos das auroras e, exceto pelo vendaval enfrentado pelo *Southern Cross,* havia assistido a tudo como uma manifestação silenciosa no céu inteiro, que inspirara espanto e terror em igual medida. Ninguém se recordava de ter visto antes algo naquela escala, nem qualquer livro de história registrava uma ocorrência de tão amplo alcance como aquela. A Terra tivera uma experiência singular. Mas o que fora aquilo?

A resposta estava a meio mundo de distância, onde um abastado cavalheiro vitoriano, cujo maior prazer era entregar-se a sua avassaladora

---

* Alterado para Ermo e depois Elmo. [*N. da T.*]

paixão pela astronomia, estava às voltas com seu próprio quebra-cabeça científico. Ele estava no lugar certo, na hora certa, e havia visto algo sem precedente. E agora tentava entender.

Aos 33 anos, Richard Christopher Carrington já era um competente jovem astrônomo. Havia recebido instrução de primeira classe no Trinity College, em Cambridge; tinha compilado um catálogo de estrelas de grande utilidade, que mereceu elogios de todos; e era o incansável embaixador da Royal Astronomical Society – RAS (Real Sociedade Astronômica), sem nada receber por seu trabalho. Só uma coisa lhe faltava: a visita da mão do destino, na forma de uma descoberta científica única. Mesmo nos tempos modernos, uma descoberta valiosa feita por acaso tem o poder de transformar um grande cientista em um guru. Na manhã da terça-feira, 1º de setembro de 1859, um dia antes de o *Southern Cross* avistar a aurora, a sorte finalmente o brindou com tal achado.

Ele estava trabalhando em seu bem-aparelhado observatório particular em Redhill, Surrey. Vendo o céu límpido daquela manhã, correu para a abóbada, acionou a manivela do obturador e preparou o belo telescópio de bronze, de dois metros de comprimento, para entrar em ação. Ele seguia a mesma rotina desde 1853, quando havia decidido fazer um demorado estudo do Sol e das manchas transitórias que salpicavam sua superfície.

Colocando em posição uma placa pintada a têmpera, alinhou o telescópio de modo que este projetasse a imagem do Sol sobre a tela cor de palha. A seguir, passando a parte frontal do telescópio através de uma abertura feita sob medida, encaixou uma placa maior em torno do próprio telescópio. Isso lançava uma sombra sobre a placa, permitindo-lhe ver mais claramente a imagem de onze polegadas do Sol. Dois finos fios de ouro, esticados no interior da ocular do telescópio, formavam um retículo diagonal sobre a imagem. Usando as linhas como guias de posição, Carrington se pôs a esboçar toda a face do Sol, empregando seu

A PRIMEIRA ANDORINHA DO VERÃO

invejável talento de desenhista para produzir um documento permanente dos precisos detalhes da superfície solar.

Tais afazeres representavam uma pausa bem-vinda na obrigação de administrar a cervejaria da família, um trabalho que o desagradava profundamente e que fora forçado a assumir no ano anterior, em vista da inesperada morte de seu pai. Se antes ele exercia a astronomia como amador, agora a encarava mais como uma terapia para neutralizar sua crescente frustração com a aspereza dos negócios.

Com relação à astronomia solar, aquele dia era especial, pois um enorme complexo de manchas estava visível. Ninguém sabia o que eram aquelas nódoas. Alguns supunham que fossem aberturas nas brilhantes nuvens solares, através das quais a verdadeira superfície do astro podia ser vislumbrada. Outros acreditavam que fossem cumes de montanhas ocasionalmente revelados pela atmosfera instável do Sol. A que Carrington estava observando naquele dia era tão enorme que desafiava a imaginação. De uma ponta à outra, tinha mais de dez vezes o diâmetro da Terra. Mas no Sol ela mal cobria um décimo de seu disco incandescente.

Às onze horas e dezoito minutos, ele havia terminado os desenhos e estava atento às batidas do cronômetro, registrando os momentos precisos em que as várias manchas solares passavam pelo retículo. Mais tarde, ele viria a usar as medições de tempo para fazer alguns elaborados cálculos matemáticos, a fim de determinar as posições exatas das manchas.

Sem qualquer aviso, duas bolhas de uma luz branca chamejante, brilhantes como um relâmpago em zigue-zague, mas redondas e não recortadas, persistentes e não efêmeras, apareceram sobre o monstruoso grupo de manchas. Momentaneamente tomado de surpresa, Carrington presumiu que um raio de sol havia conseguido passar pela tela de sombra acoplada ao telescópio. Ele balançou o instrumento, esperando que o raio errante saltasse sobre a imagem. Porém, ele se manteve obstinadamente fixo no mesmo lugar sobre o grupo de manchas. O que quer que fosse, não era algum reflexo desgarrado, e vinha do próprio Sol. Enquanto ele observava estarrecido, os dois pontos de luz se intensificaram e tomaram a forma de rins.

26 OS REIS DO SOL

Carrington registrou mais tarde que ficou um tanto "aturdido com a surpresa" de ser "uma testemunha desprevenida" do evento. No entanto, sua formação científica despertou instantaneamente, e ele depressa anotou a hora. Então, percebendo a raridade da situação — por certo ninguém jamais havia feito uma descrição pública do Sol se comportando daquela maneira —, ele correu para encontrar mais uma testemunha.

Quando voltou, menos de sessenta segundos depois, sua excitação transformou-se em aflição ao ver que as estranhas luzes sobre as manchas solares já estavam bastante enfraquecidas. Contudo, eram ainda visíveis, e ele as observou enquanto se moviam pela gigantesca mancha. Enquanto faziam isso, elas foram se contraindo até se transformarem em meros pontos e sumirem abruptamente.

Carrington anotou mais uma vez a hora — 11h23, Tempo Médio de Greenwich — e desenhou a posição em que as luzes apareceram e desapareceram. Em seguida, perturbado pelo que havia visto, agarrou-se ao telescópio por mais de uma hora, mal ousando mover-se, caso os misteriosos clarões reaparecessem.

Sua vigília foi em vão; o Sol imediatamente voltou ao normal. Na verdade, ele nem conseguia ver qualquer indicação de que o estranho fenômeno tivesse mesmo acontecido. A superfície do Sol em torno da mancha e os detalhes da mancha em si permaneciam exatamente como eram antes das aparições.

Mais tarde, Carrington começou a trabalhar nos cálculos. As luzes tinham durado apenas cinco minutos, mas ele constatou que naquele intervalo haviam percorrido 56 mil quilômetros (quase quatro vezes e meia o diâmetro da Terra). Para tanto, a perturbação devia ter se deslocado a cerca de 672 mil quilômetros por hora. Uma velocidade tão assombrosa deve ter sido demais até para a sua imaginação, pois os vitorianos ainda estavam se acostumando aos trens a vapor, resfolegando a 80 quilômetros por hora. Mas os números "astronômicos" não paravam por aí. A julgar pela extensão da chama em seu desenho, cada uma das bolas de fogo originais devia ter aproximadamente o tamanho da Terra.

A PRIMEIRA ANDORINHA DO VERÃO   27

Carrington devia saber que uma observação tão importante requeria uma confirmação independente, para que seus pares de fato acreditassem nele. Os relatos que subsistiram não deixam claro se Carrington conseguiu achar uma testemunha em sua casa (ele simplesmente declarou que saiu à procura de alguém, voltando apenas um minuto após). É certo, porém, que, mesmo que ele tivesse arrastado alguma alma crédula para dar seu testemunho, ainda assim teria necessidade de uma corroboração científica totalmente independente para o que tinha visto. Logo lhe ocorreu que o lugar perfeito seria o observatório de Kew, onde seu amigo e colega da RAS, Warren de la Rue, estava engajado em um projeto experimental para fotografar o Sol em todos os dias claros. Carrington teria que visitar Kew o mais breve possível.

Posteriormente, cerca de dezoito horas após as observações de Carrington, quando a noite dava lugar a outro dia e a alvorada se espalhava sobre a Europa, a atmosfera terrestre explodiu em auroras. Tais espetáculos se manifestam sob várias formas, cada uma das quais hoje em dia é definida por um termo específico. Em ordem crescente de magnificência e de cobertura do céu, os primeiros sinais de uma exibição podem muitas vezes ser uma suave *luminescência*, envolvendo o horizonte. *Manchas* brilhantes sem forma definida (algumas vezes designadas como *superfícies* pelos cientistas) também podem aparecer; estas se apresentam como nuvens luminosas no céu. A seguir vem o *arco*, que se estende como uma alça fluorescente através do céu. *Raias* são sinais seguros de intensificação da atividade auroral; estas em geral nascem dos arcos e se estendem para cima como estacas desiguais de uma cerca. Sem dúvida, a gloriosa coroação de uma aurora se dá quando todo o céu é tomado pelo fogo celeste. A seguir, aparece uma estrutura chamada *coroa*, na qual raios de todas as partes do céu convergem para um ponto. Essa é a marca característica de atividade excepcional e uma visão rara fora das latitudes polares.

As auroras se apresentam em diferentes cores. A luz de um róseo avermelhado e amarelo esverdeado vem de interações que envolvem átomos de oxigênio. Em geral, os tons de vermelho se originam das interações que ocorrem em altitudes mais elevadas do que as que produzem os tons de verde. Emissões em roxo e violeta, algumas vezes descritas simplesmente como azuis, são originárias de átomos de hidrogênio da atmosfera.*

Quando as auroras de 2 de setembro de 1859 envolveram o planeta, os que estavam a bordo do *Southern Cross* foram dos primeiros, porém não os únicos, a testemunhar sua luz. Relatos do território chileno confirmam a extraordinária história dos marinheiros. Em Concepción, localizada a 36 graus e 46 minutos de latitude sul, quase 1.600 quilômetros mais próxima do Equador, a aurora explodiu nas primeiras horas da manhã e foi descrita como parecida a uma "nuvem de fogo, ou um grande *ignis fatuus*" movendo-se do leste para o oeste. *Ignis fatuus* é a forma latina para "fogo-fátuo", um fenômeno atmosférico semelhante ao fogo de santelmo. Muitas vezes chamado de quimera, o aparecimento do *ignis fatuus* é um sinal seguro de eletricidade no ar. A incandescência é, na verdade, uma forma natural da lâmpada fluorescente. Em Santiago (33 graus e 28 minutos sul), a população foi brindada com uma brilhante exibição de tons azuis, vermelhos e amarelos que iluminaram a cidade por cerca de três horas.

Enquanto as luzes austrais iam subindo até o trópico de Capricórnio, localizado a 23 graus ao sul, as auroras boreais se estendiam para baixo. Uma "cúpula perfeita de raias luminosas alternando-se em vermelho e verde" desceu sobre Newburyport, Massachusetts (42 graus e 48 minutos). Sua luz era "tão forte que se podia ler um impresso tão facilmente como à luz do dia." A possibilidade de se ler à luz auroral foi citada como indicativo de sua intensidade em vários locais. Na vizinha Lunenburg, o professor William B. Rogers, fundador do Massachusetts Institute of Technology (MIT), apresentou um relato "didático", quase tão vívido quanto as próprias luzes boreais:

---

* Nas descrições que se seguem das auroras, empreguei fielmente as cores citadas pelas muitas e variadas testemunhas oculares. Em geral, é fácil perceber em qual das categorias de vermelho, verde e azul elas se enquadram.

A PRIMEIRA ANDORINHA DO VERÃO

29

Dois de setembro, um pôr do sol límpido foi seguido por uma luz peculiar, esverdeada e roxa, espraiando-se em torno do horizonte, até além do norte [um fulgor anuncia o início do espetáculo]. Sobre o quadrante nordeste, o ar até a altura de 30 graus apresentava uma opacidade escura, que tinha o efeito de deter a luz que chegava. [Provavelmente eram apenas nuvens.]

Às 7h30, um espaço escuro irregular começou a se formar ao longo do horizonte setentrional. Às 7h50, um tênue arco de luz branca apareceu, pairando sobre o horizonte um pouco ao norte dos pontos leste e oeste, e culminando a alguma distância abaixo da estrela Polar, continuando a crescer até as 8 horas da noite, quando seu ápice estava a poucos graus do polo. [Obviamente é o que hoje chamamos de arco.]

Às 9h20, um fraco segmento luminoso apareceu no horizonte, sob o arco. Este então se decompôs em uma série de raias brilhantes, com espaços equidistantes de sombra entre elas. [Uma aurora em mancha ou superfície apareceu e o arco começou a se transformar em raias.]

Às 9h30, as faixas de luz haviam se expandido e crescido em brilho, enquanto o segmento luminoso, propagando-se para cima, se fundia com o arco externo, que então quase alcançava a estrela Polar. Neste momento, o arco passou a emitir sucessivas ondas de luz, cada uma delas se seguindo rapidamente à outra na direção do zênite e mais além. Em poucos instantes esse movimento de onda deu lugar a pulsações mais rápidas e aparentemente irregulares, que esvoaçavam para cima em rápida sucessão através dos quadrantes norte, leste e oeste do céu, sendo visíveis, embora menos distintamente, no sul. Essa aparição maravilhosa exibia por toda parte uma convergência de linhas de movimento na direção de um ponto bastante ao sul do zênite. [Uma coroa havia se formado.]

Quando esses fenômenos luminosos estavam em seu ápice, cada ponto para onde os olhos se dirigissem, com exceção do quadrante sul perto do horizonte, era atravessado por uma rápida sucessão de lampejos de luz branca, esverdeada e rosada pálida, todos aparentemente se movendo para cima.

Às 10h30, o movimento pulsante se estendeu novamente sobre toda a metade norte e parte da metade sul do céu. Incontáveis ondas de luz branca, amarelada e arroxeada corriam uma atrás da outra, vindo de todos os quadrantes em direção ao polo magnético, enquanto o clarão rubro se espalhava, na largura e na altura, partindo do oeste.

As várias fases da aurora se repetiam segundo uma ordem mais ou menos uniforme. Primeiro, o segmento escuro no horizonte norte assumia a forma de arco regular e, à medida que este se elevava, ficava delimitado por uma larga curva luminosa, aparecendo ao mesmo tempo um ou mais arcos brilhantes concêntricos na parte interna. As faixas de luz então eram disparadas de todas as partes da zona luminosa e, à medida que estas aumentavam, o arco superior se dissipava, como se tivesse se consumido ao produzi-las. Nesse ponto, o arco inferior ocupava o seu lugar, para se apagar, por sua vez, por um processo semelhante de esgotamento. Por fim, com a chegada de uma das maiores expansões de luz, o arco inteiro se rompia e o segmento escuro mais abaixo era reduzido a uma massa amorfa. Ocorria então uma pausa relativa nos fenômenos, até que o segmento escuro tomasse forma novamente, com suas uma ou mais faixas luminosas, e um ciclo igual de evolução se repetia.

Nas Bermudas (32 graus e 34 minutos), a intensidade da luz arrancou quem estava dormindo de suas camas, e em Savannah, Geórgia (32 graus e 5 minutos), a população assistiu a uma exibição frenética, na qual rosados, dourados e roxos intensos se elevavam do leste e do oeste até uma altura de cerca de 45 graus, antes de "se dissolverem". Às 2 da madrugada, a aurora havia se aglutinado, formando um arco inteiro através do céu, e, uma hora depois, concentrou-se em uma coroa que "lançava brilhantes clarões cor de fogo em todas as direções".

As auroras boreais vieram descendo, sendo visíveis até em Key West, Flórida (24 graus e 32 minutos) e Havana, Cuba (23 graus e 9 minutos); e seguiram pelos céus das férteis regiões do trópico de Câncer a 23 graus norte, antes de cruzar Inagua, nas Bahamas (21 graus e 18 minutos).

Um habitante de Santiago de Cuba (20 graus), identificado apenas como "um mecânico espanhol", relatou que os moradores locais imaginaram que o fim do mundo se aproximava. Grande parte das pessoas em Kingston, Jamaica (17 graus e 58 minutos), por certo pensou o mesmo, acreditando que o céu rubro indicava que Cuba estava sendo consumida pelo fogo. Outros afirmavam que aquelas luzes eram as auroras, mas a maioria descartava a ideia, pois as luzes do norte jamais haviam sido vistas na ilha. Quem estivesse observando o céu em Guadalupe, Índias

A PRIMEIRA ANDORINHA DO VERÃO 31

Ocidentais (16 graus e 12 minutos), teve oportunidade de apreciar um par de arcos esbranquiçados que passaram um pouco a oeste da Estrela do Norte, ou Polar.

A aurora também alcançou a Austrália e o Pacífico, porém, em vista dos diferentes fusos horários, já era a noite de 2 de setembro quando as luzes do céu chegaram. Logo depois do pôr do sol, uma intensa luz rosada brilhou nos céus meridionais sobre Kapunda, Austrália do Sul. Os céus permaneceram assim até cerca das 21 horas, quando "uma enorme coluna de fogo apareceu no oeste". Quando a lua se pôs, a aurora aumentou de intensidade, mais do que compensando a ausência do luar. Ocorreu então uma falsa alvorada, com o céu passando dos tons mais sanguíneos para um verde azulado, de onde as já familiares faixas de luz disparavam em direção ao zênite.

Há uma semelhança impressionante entre os vários relatos: a maioria dos lugares atesta que as auroras só foram afugentadas do céu pelo romper do dia, mas em alguns o espetáculo teve um fim prematuro devido ao aparecimento de nuvens de chuva.

Quanto às causas dessas magníficas exibições, os ingleses vitorianos não faziam a menor ideia. Sua única pista datava de 1741, quando O. P. Hiorter, um estudante sueco de pós-graduação, cujo orientador era o professor Anders Celsius (também é conhecido pela escala de temperatura em centígrados), notou uma perturbação acentuada nas agulhas das bússolas sempre que uma aurora ocorria no céu. Recontando a história seis anos depois, Hiorter escreveu que, quando relatou sua descoberta a Celsius, o professor lhe dissera que também havia observado a perturbação, mas decidira não mencioná-la, para ver se seu tutelado a perceberia.*

Então, as auroras tinham alguma relação com magnetismo, mas, além disso, as pessoas sabiam muito pouco. Os cientistas não haviam avançado praticamente nada com relação ao fenômeno por mais de um século. Tudo isso mudou no dia em que Carrington visitou Kew.

---

* Comentando esse artigo, A. J. Meadows e J. E. Kennedy observaram ironicamente que "a relação entre pesquisadores veteranos e seus assistentes não mudou muito ao longo dos anos" (*Vistas in Astronomy* 25 [1982]: 420)

Embora conhecido como Observatório de Kew, o edifício de pedras brancas se situava de fato em Old Deer Park, Richmond. O rei George III havia construído a mansão de três pavimentos em 1768-1769, como seu observatório particular. Nos intervalos de seus terríveis acessos de loucura, ele havia — algumas vezes pessoalmente — estabelecido a hora para as Casas do Parlamento, para a Cavalaria de Guarda, para St. James e outros locais, segundo as observações que fazia no alto do teto gradeado, valendo-se de uma série de colunas de pedra que cruzavam o parque para determinar exatamente quando o sol estaria bem no sul. O próprio monarca também havia encerrado a longa contenda entre John Harrison e a Comissão de Longitude, supervisionando o teste do relógio H5 em Kew, em 1772.

Oitenta e sete anos depois, quando Richard Carrington percorreu a longa alameda que levava ao observatório, já ampliado, boas e más notícias o aguardavam lá dentro. As más notícias eram que ninguém em Kew havia visto a erupção solar ou mesmo fotografado o Sol naquele dia; a última fotografia que havia era de 31 de agosto. No entanto, e essa era a boa notícia, algo estranho havia ocorrido no dia 1º de setembro. Algo que tinha feito tremer o manto natural de magnetismo da Terra.

Os instrumentos magnéticos em Kew haviam detectado a perturbação. Cada um deles consistia em uma agulha de bússola pendente de um fio de seda em um ambiente escuro. A agulha apontava para o norte, atraída pelo campo magnético da Terra. Qualquer alteração nesse campo fazia com que ela se movesse. Para registrar tais movimentos, um raio de luz incidia sobre a agulha reflexiva, de onde era desviado para um tambor em rotação lenta, ao redor do qual se afixava papel fotográfico. Todos os dias, às 10 horas da manhã, os técnicos do observatório substituíam o papel, que se arrastava exatamente a três quartos de polegada por hora, de modo que em 24 horas produzia um traçado de aproximadamente 46 cm de comprimento. Qualquer perturbação no campo magnético da Terra fazia com que a agulha tremulasse e uma linha sinuosa fosse registrada no papel.

O rolo gravado entre os dias 1º e 2 de setembro foi mostrado a Carrington. Pelo que se podia deduzir da escala um tanto restrita do traçado, o campo magnético da Terra havia recuado, como se socado por um punho magnético, exatamente no mesmo momento em que ele havia visto a erupção. A parte abrupta da perturbação havia durado apenas três minutos, mas foram necessários mais sete para o traçado voltar ao normal. Isso fazia crescer consideravelmente as chances. Contanto que não estivessem sendo enganados por uma mera coincidência, parecia que a erupção de Carrington havia de alguma forma avançado por cerca de 150 milhões de quilômetros de vácuo e atingido a Terra. Devia ter sido um momento atordoante e um tanto aterrorizante. Por duzentos anos, os astrônomos haviam usado as leis da gravidade de Newton para entender como o Sol interagia com os planetas. Eles chegaram a acreditar que a branda ação da gravidade movia o universo com regularidade previsível, colocando toda a humanidade no papel de espectadora da grandiosidade da mecânica do cosmos. Agora, porém, parecia que o quadro poderia ser dramaticamente diferente. A Terra estava no meio de tudo. Indubitavelmente, a gravidade ainda era o personagem principal, mas repentinos e inesperados ataques magnéticos podiam ocasionalmente roubar a cena. Mas não eram somente golpes abruptos. Carrington também teve oportunidade de ver que, dezoito horas após a perturbação inicial, as agulhas de Kew começaram a se movimentar de novo, ultrapassando a força do golpe das 11h20. Dessa vez, em lugar de um único soco, a Terra começou a sofrer um assalto contínuo, jamais visto nas décadas em que o observatório vinha coletando dados. Na verdade, no dia em que Carrington esteve em Kew, as agulhas ainda estavam agitadas. A tempestade magnética, embora amainada, de forma alguma havia cedido.

Quando a escuridão caiu, na noite de 2 de setembro, as auroras ainda subsistiam, proporcionando à Europa sua primeira visão daquele espetáculo de luz sem precedentes. Christiania, na Noruega; Durham, Preston, Nottingham, Grantham, Londres, Clifton, Aldershot, Brighton, todas na Inglaterra; Paris, na França; Bruxelas, na Bélgica; Praga, Rzeszow, Viena, Mitterdorf, no Império Austríaco; a Suíça inteira; e Roma, na Itália, todas viram auroras. Outros lugares, como a Suécia e toda a Rússia, registraram violentas trovoadas. Embora o norte da Ásia estivesse também nublado, os instrumentos magnéticos registraram uma perturbação considerável.

34 OS REIS DO SOL

Naquela noite, registrou-se ainda uma das mais baixas latitudes em que uma aurora foi observada, conforme notícia da *Gaceta del Estado*, de La Union, El Salvador, a apenas 13 graus e 18 minutos ao norte do Equador:

> Por volta das 10 horas, uma luz vermelha iluminou todo o espaço, do norte ao oeste, até uma altura de cerca de 30 graus acima do horizonte. A luz era igual à da alvorada, porém insuficiente para eclipsar o brilho das estrelas. O mar refletia a cor e parecia feito de sangue. Isso continuou até as três da madrugada, quando uma densa nuvem negra surgiu no leste e começou a se espalhar sobre a porção colorida do céu, oferecendo um espetáculo dos mais curiosos, pois, nas partes onde a nuvem não era suficientemente densa, a luz vermelha transparecia, formando milhares de figuras fantásticas, como se fossem pintadas com fogo sobre um fundo preto.

A comparação com sangue se repetiu em um relato da vizinha cidade de Salvador, onde "a luz vermelha era tão intensa, que era como se os telhados das casas e as folhas das árvores estivessem cobertos de sangue".

À medida que esses e outros relatos aos poucos foram surgindo por todo o globo, ficou óbvio que algo extraordinário havia acontecido com a Terra. O planeta havia sido um participante involuntário de um evento celeste de enormes proporções. E Richard Carrington talvez tivesse testemunhado o nascimento da turbulência. Mas haveria alguém que realmente pudesse corroborar sua história da violenta explosão? Por mais que sua descrição do que havia visto fosse eloquente e sustentada por diagramas e cálculos matemáticos, enquanto não conseguisse encontrar alguém disposto a testemunhar a seu favor, por certo haveria de enfrentar ceticismo. Esta era a natureza da ciência — não aceitar nada sem provas e, quanto mais extraordinária a proposição, tanto mais extraordinária a prova exigida. Os cálculos de Carrington indicavam que a extensão do evento não era apenas extraordinária; na verdade, chegava a ser inacreditável. Ele tinha um trunfo: sua reputação. Era conhecido por sua meticulosa atenção aos detalhes, que beirava a obsessão. Até o Astrônomo Real, George Airy, o consultava quanto à precisão das observações feitas nas sagradas cúpulas de Greenwich.

Após sua visita a Kew, a central de boatos astronômicos fez circular as alegações de Carrington. O reverendo William Howlett de Hurst Green, Kent, havia examinado o Sol naquele dia, mas só a partir do meio-dia, mais de meia hora depois do dramático evento. Porém, havia um astrônomo de boa-fé que estivera observando o astro em 1° de setembro de 1859: o sr. R. Hodgson, de Highgate, ele mesmo um respeitado estudioso do Sol, que havia inventado uma ocular especial para poder observar com segurança a temível luz solar, e membro da Royal Astronomical Society. Obviamente para grande alívio de Carrington, Hodgson também achava que havia testemunhado "um fenômeno muito extraordinário". Ao saber disso, Carrington insistiu para que não trocassem mais informações. Em lugar disso, ambos apresentariam seus relatórios ponderados na próxima reunião da Royal Astronomical Society sobre o tema.

Nesse meio-tempo, as informações que chegavam deixavam claro que as auroras haviam tido também um lado negativo. As luzes cativantes de alguma forma haviam desativado o sistema telegráfico, silenciando as comunicações através do mundo, exatamente como se alguém desligasse o fio da Internet nos dias de hoje. Como a moderna dependência da World Wide Web da eletricidade, os negócios naquele tempo dependiam do telégrafo para compra e venda de ações, os governos se valiam dele para transmitir informações e notícias, e as pessoas o utilizavam para se manterem em contato com seus entes queridos. No entanto, durante dias após a erupção observada por Carrington, a natureza se recusou a permitir que as linhas de informações funcionassem corretamente.

Em seu aspecto mais brando, o problema causou apenas um inconveniente, como quando a aurora fez com que as campainhas que anunciavam a chegada de mensagens soassem espontaneamente em Paris e outros locais. Nos casos mais graves, representou risco de vida. Na Filadélfia, um telegrafista ficou atordoado ao receber um forte choque quando testava seu equipamento de comunicações. As estações que usavam o sistema Bain, ou químico, que empregava a eletricidade na linha para registrar em folhas de papel e assim gravar as mensagens que chegavam, ficaram expostas a um sério perigo. Quando as correntes vinham em impulsos muito potentes, o papel podia pegar fogo, enchendo as estações de fumaça sufocante. Em Bergen, na Noruega, o aparecimento da aurora provocou correntes elétricas tão fortes que os operadores correram atabalhoadamente a desligar os aparelhos, com o risco de serem eletrocutados, para evitar a destruição do equipamento.

A ciência teria que resolver o mistério do que havia causado a aurora.

Em 11 de novembro de 1859, os membros da Royal Astronomical Society se reuniram cheios de expectativa em Somerset House, em Londres. O público de cavalheiros, sem dúvida envergando as longas sobrecasacas então na moda e ostentando as gravatas com nós cada vez mais intricados da época, ouviu com extasiada atenção, primeiro Carrington e depois Hodgson apresentando seus relatos. Ao dar seu depoimento sobre o evento prometeico, Carrington mostrou uma cópia ampliada do apurado desenho que havia feito no dia. Em seguida, deixou sua obra exposta nas salas da sociedade, para que os membros que não haviam assistido à reunião pudessem examiná-la quando lhes aprouvesse. Tomou então seu lugar entre o público e ouviu o que Hodgson tinha a dizer, por certo ansioso para ver se os relatos de ambos seriam coincidentes.

Concordando em boa parte com Carrington, Hodgson contou que havia se surpreendido com o aparecimento de uma brilhante estrela de luz, muito mais brilhante do que a superfície do Sol. Descreveu que a luz deslumbrante iluminava as bordas da mancha solar adjacente, assim como o conhecido contorno prateado visto ao redor das nuvens. Os horários também combinavam com os de Carrington. No entanto, Hodgson confessou que sua surpresa — e a natureza efêmera da explosão — o havia impedido de fazer um desenho com medidas precisas. Tinha apenas traçado um esboço. Este também foi deixado no local para apreciação individual após a reunião, e ficou registrado nos comentários publicados no jornal da sociedade que se tratava de um desenho

A PRIMEIRA ANDORINHA DO VERÃO

bem-executado, que despertou muito interesse durante a reunião. Por motivos ignorados, contudo, o jornal não o reproduziu junto com o de Carrington e parece ter se perdido.

Terminadas as apresentações, ninguém entre os presentes poderia realmente duvidar de que algo sem precedente havia de fato ocorrido no Sol ou, mais provavelmente, um pouco acima dele, pois Carrington havia argumentado convincentemente que, como a superfície solar não havia apresentado diferença antes e depois do evento, a erupção devia ter acontecido bem acima do grupo de manchas solares. Quanto à presumível conexão entre a erupção e as auroras, houve muitos debates. Ambos haviam mencionado esses dois aspectos; Carrington chegou a mostrar fotografias dos gráficos de Kew, chamando a atenção para o salto magnético no momento em que se deu a erupção e em seguida lembrando a subsequente e incrivelmente poderosa tempestade magnética que coincidiu com as auroras. Portanto, ele deve tê-la considerado importante, mas na ocasião manteve-se como exemplo de ceticismo científico, advertindo seus ouvintes que, embora a ocorrência concomitante merecesse estudos adicionais, "uma andorinha só não faz verão".

O motivo dessa declarada precaução era que nem Carrington nem ninguém conseguia imaginar um mecanismo que pudesse transmitir a energia explosiva do Sol para a Terra. Se tal conexão fosse real, seria necessária uma nova física. Sem isso, tudo o que ele tinha na realidade eram dois pilares, um em cada lado de uma imensa ravina, mas sem a ponte para transpô-la. Evidentemente, ele não estava disposto a cometer o clássico erro amador de chegar a uma conclusão grandiosa a partir de um único e solitário exemplo.

Com o retrospecto de um século e meio a nosso favor, hoje sabemos que a erupção detectada por Carrington foi o marco da revolução da astronomia. A súbita demonstração da capacidade do Sol de transtornar a vida na Terra lançou os astrônomos em uma corrida impetuosa visando à compreensão da natureza do Sol. Até então, tais pesquisas despertavam pouco interesse da astronomia, cujo foco principal era o mapeamento das estrelas para auxiliar a navegação. No mesmo ano em que Carrington viu a erupção, na Alemanha foi descoberta uma nova

38   OS REIS DO SOL

forma de análise da luz, que proporcionou aos astrônomos os meios de investigar a composição do Sol. Tais técnicas, uma vez aplicadas ao nosso astro rei, foram adaptadas para estudar as estrelas, e a astronomia tradicional começou a transformar-se na moderna astrofísica.

No cerne dessa mudança está a percepção de que a energia magnética do Sol poderia atingir a Terra, provando que os corpos celestes tinham conexões jamais imaginadas até então. Contudo, a erupção de Carrington e a subsequente turbulência magnética não foram os primeiros eventos que forçaram os astrônomos a considerar a existência de um vínculo entre o Sol e a Terra, além da mera luz solar. Mais de meio século antes, o grande astrônomo William Herschel havia apresentado uma série de ideias à Royal Astronomical Society sobre a natureza do Sol. Na última delas, explicou que havia observado algo na flutuação dos preços do trigo que o fizera pensar nas manchas solares. A mera sugestão causou alvoroço, e Herschel se viu ridicularizado por suas conclusões.

2

O grande absurdo de Herschel
1795-1822

No fim do século XVIII, mais de cinquenta anos antes de Carrington ter observado a erupção, a opinião pública sobre a natureza do Sol, e até sobre sua finalidade, estava dividida por discordâncias irreconciliáveis. De um lado havia os "poetas excêntricos", que procuravam fazer do Sol "a morada dos espíritos abençoados". Do outro, os "moralistas raivosos", afirmando que o Sol "é um lugar apropriado para o castigo dos perversos". Em 18 de dezembro de 1795, William Herschel, então com 57 anos, voltou-se contra ambos os pontos de vista, declarando-os produtos de suposição e vagas conjecturas. Ele afirmava que suas próprias observações lhe davam autoridade para propor um terceiro ponto de vista, baseado tão somente em "princípios astronômicos": o Sol não era um lugar para espíritos, fossem eles dignos ou iníquos, mas sim um lugar de criaturas vivas, um mundo vibrante, cada pedacinho do qual era tão povoado quanto a Terra.

Muitos já estavam desconfiados da modalidade da astronomia de Herschel, acreditando que ele se equilibrava na tênue linha entre a loucura e a genialidade. Ele próprio uma vez gracejou que os astrônomos desejariam que ele fosse despachado para o manicômio de Bedlam, simplesmente por causa das amplificações que ele utilizava regularmente para observar as estrelas. Essa última declaração por certo não contribuiu para aumentar seu prestígio entre seus detratores.

Parte do problema de credibilidade de Herschel se devia ao fato de que seus telescópios artesanais eram, em geral, superiores a qualquer coisa que os astrônomos profissionais tinham à sua disposição. Tendo se acostumado às figuras amorfas que obtinham com seus próprios telescópios imperfeitos, eles nutriam um ressentimento especial contra Herschel por suas alegações de ver as estrelas, em altas amplificações, como objetos redondos. Certa feita, em um jantar, ele se viu sentado ao lado do físico Henry Cavendish, um indivíduo taciturno, que costumava meditar discretamente sobre assuntos controversos e comunicar-se com suas criadas apenas por meio de bilhetes, pois era muito tímido para dirigir-lhes a palavra.

Como de costume, Cavendish não havia dito nada desde o começo do jantar. Num dado momento, manifestou-se:

— Ouvi dizer que o senhor vê as estrelas redondas, Dr. Herschel.

— Redondas como um botão — foi a resposta.

Cavendish retornou ao silêncio e o jantar continuou. Já perto do fim da refeição, ele se voltou de novo para Herschel:

— Redondas como um botão?

— Redondas, exatamente como um botão — disse Herschel. E assim encerrou-se a conversação entre os dois.

Até os telescópios do Observatório Real em Greenwich eram inferiores aos de Herschel, e o Astrônomo Real, dr. Neville Maskelyne, não acreditava em sua afirmação de ver as estrelas com uma ampliação de milhares de vezes — especialmente porque ele próprio se satisfazia com ampliações de apenas um décimo daquele valor. Após um jantar em que esteve com Maskelyne, um amigo de Herschel lhe escreveu: "Você chegou a tal perfeição com seu instrumento ou, pelo menos, ousou aplicá-lo para tais fins, ultrapassando assim os tímidos limites que refreiam os astrônomos modernos, que eles se sentem desconcertados e mais inclinados a não acreditar do que a admitir tal excelência fora do comum."

Herschel respondeu lamentando-se: "Minhas observações precisarão muito do apoio de algum cavalheiro generoso, bem conhecido no círculo da astronomia... permita-me solicitar-lhe (em nome do apreço à

O GRANDE ABSURDO DE HERSCHEL

astronomia) que me preste sua ajuda, a fim de que os fatos que apontei não sejam desacreditados, simplesmente por serem incomuns."

Durante a maior parte de sua vida, Herschel conseguiu rechaçar as críticas, escudado por uma realização ímpar, que o colocou acima de seus pares: ele foi o único homem em toda a história a descobrir um planeta. Urano, como veio a ser conhecido o sétimo planeta do sistema solar, apareceu em seu telescópio caseiro em 1781, enquanto ele fazia suas observações no jardim nos fundos de sua casa na cidade balneária inglesa de Bath, acompanhado por sua irmã e fiel secretária Caroline. A descoberta fez de Herschel uma celebridade, aos 43 anos, e lhe valeu o patrocínio real de George III. E também impôs seu tipo de ciência independente aos astrônomos profissionais de seu tempo.

Em lugar de se ocupar em medir a posição das estrelas para elaborar cartas de navegação mais confiáveis, Herschel se concentrava em fazer descobertas. Ele adorava revelar a forma e a quantidade de diferentes "espécies" celestes, como ele as chamava. Seu método deve ser creditado aos especialistas em história natural, muitos dos quais haviam sido seus colegas na Sociedade Filosófica de Bath [Bath Philosophical Society]. Assim como estes se dedicavam a estudar a flora e a fauna do mundo em que viviam, estabelecendo a taxonomia de classes e espécies, Herschel decidiu fazer o mesmo com o universo.

Essa ruptura com os objetivos tradicionais das observações, quase certamente exacerbada por sua condição de astrônomo amador, aumentou o número de seus detratores. Estes faziam circular rumores, dizendo que a descoberta de Urano fora nada mais que um golpe de sorte. Os que apoiavam Herschel, oriundos principalmente da área da história natural, e não da astronomia, rejeitavam os descontentes como "cãezinhos ciumentos a latir". O próprio Herschel defendeu sua descoberta com vigor, insistindo que esse fato sem precedentes era uma consequência natural de suas pesquisas espaciais. Certa ocasião, ele escreveu que havia "lido atentamente e sem pressa o grande volume do Criador da Natureza, tendo chegado à página que falava de um sétimo planeta".

O projeto astronômico de Herschel tinha um objetivo grandioso: compreender a complexa interação dos corpos celestes, através de sua observação incessante. Tal sentimento se coadunava com o nascente movimento literário romântico da época, que acreditava que ver e sentir algo era uma parte importante de vir a conhecer aquilo. Também se argumentava que a humanidade não poderia ser afastada da equação, como os filósofos naturais muitas vezes procuravam fazer em sua busca por objetividade. Herschel reunia ambas as qualidades, muitas vezes partindo de observações totalmente objetivas para depois transpô-las para um quadro ricamente detalhado que, ele esperava, os outros viessem a discutir.

Em 18 de dezembro de 1795, Herschel fez algo que ninguém antes dele havia tentado. Ele iniciou uma série de palestras que, esperava, poderiam desencadear uma grande discussão sobre a natureza do Sol e as exatas vinculações que este mantinha com a Terra. Naquele tempo, não havia sociedades específicas para a discussão das diferentes ciências. Vinte e cinco anos ainda decorreriam até a fundação da Royal Astronomical Society, portanto a plataforma de Herschel era a Royal Society, a entidade erudita que reunia todos os filósofos de alguma posição, independentemente de suas áreas individuais de conhecimento, à qual ele fora admitido após sua descoberta de Urano.

A Sociedade foi fundada oficialmente em 1662, quando um grupo de eruditos obteve uma carta régia de Carlos II para suas atividades. Passados 130 anos, a Royal Society se reunia na recém-construída Somerset House, uma maravilha arquitetônica, tendo ao fundo o rio Tâmisa e à frente a London's Strand. Cercados pelos retratos a óleo dos membros anteriores, os atuais se sentaram em bancos de madeira, sob candelabros e um ornamentado teto almofadado, ouvindo enquanto Herschel adicionava sua forma exclusiva de análise astronômica a mais de 180 anos de observações solares.

As observações telescópicas do Sol haviam começado por volta de 1610, quando Galileu notou o Sol se pondo sobre a cidade italiana de Pádua. Pairando bem baixo no céu, a intensidade ofuscante de seu brilho havia

O GRANDE ABSURDO DE HERSCHEL

sido substancialmente reduzida por nuvens tênues ou névoa. Galileu tomou seu telescópio e estudou o disco luminoso. Ele notou manchas escuras em sua superfície e as usou para medir a velocidade de rotação do Sol, cerca de vinte e cinco dias, de acordo com sua estimativa.*

Outros, usando telescópios, também avistaram as manchas solares: Johann Goldsmid na Holanda, Christoph Scheiner na Alemanha e Thomas Harriot na Inglaterra, todos avaliaram a natureza transitória daquelas marcas. Scheiner acreditava que as manchas eram as silhuetas de planetas não descobertos anteriormente. Galileu se insurgiu contra essa ideia, usando uma série de observações para mostrar que as manchas apresentavam um movimento peculiar de aceleração e redução de velocidade enquanto cruzavam o Sol. Quando as manchas apareciam na borda do Sol, Galileu observou que elas aumentavam gradualmente de velocidade até alcançarem o centro; depois disso, a velocidade diminuía e elas finalmente se arrastavam até a borda oposta, até desaparecerem. Galileu raciocinou corretamente que esse era exatamente o comportamento de algo fixo sobre a superfície de uma bola girando, ao passo que um planeta cumpriria sua trajetória diante do Sol a uma velocidade constante. Se esse argumento não fosse convincente, Galileu recorria a observações que mostravam as manchas crescendo e diminuindo de tamanho. Algumas haviam mesmo minguado até sumir sob seu olhar. Como poderia um planeta em interposição comportar-se assim?

Com certeza, no tempo em que Herschel proferiu sua palestra, ninguém com alguma instrução acreditava que as manchas solares fossem algo mais do que características do Sol. Havia uma variedade de opiniões sobre o que exatamente seriam as manchas. Galileu havia proposto que eram nuvens escuras vagando na atmosfera solar; outros astrônomos antigos acreditavam que o Sol era uma gigantesca

---

* É um mito que Galileu tenha ficado cego como resultado de suas observações solares. Sua visão se deteriorou aos 72 anos, devido à catarata e ao glaucoma. Suas observações solares foram realizadas 25 anos antes. No início ele olhava para o Sol diretamente, no nascente e no ocaso, mas logo passou a projetar a imagem sobre uma tábua plana.

fornalha natural, e, portanto, as manchas escuras deveriam ser cinzas vulcânicas flutuando acima de seus fluidos incandescentes. Estranhamente, o aparecimento de três cometas brilhantes em 1618 serviu para apoiar esse ponto de vista. Por coincidência, naquele ano o Sol estava insolitamente livre de grandes manchas, e houve quem argumentasse que as cinzas e emanações da combustão que costumavam criar as manchas solares haviam sido arremessadas para o espaço, onde se transformaram nos cometas.

As opiniões começaram a mudar no início do século XVIII, em grande parte porque Isaac Newton havia escrito em seu livro *Ótica*, de 1704: "E não são o Sol e as estrelas fixas grandes Terras violentamente quentes." Isso levou os pensadores à noção de que enterrado em algum lugar do incandescente exterior do Sol havia um corpo planetário, talvez como a Terra. Seguindo essa linha de raciocínio, erupções vulcânicas passaram a ser a explicação favorita para as manchas. Estas eram vistas como o jato de fumaça que pressagiava uma erupção violenta. Outros modificaram essa visão, sugerindo que não se tratava de vulcões, mas de simples montanhas reveladas pelos ocasionais fluxos e refluxos das marés dos oceanos ígneos do Sol.

Depois de um breve resumo dessas várias ideias, Herschel começou uma descrição pormenorizada de suas próprias observações solares. A maior parte das observações anteriores havia sido feita com telescópios pequenos, para reduzir a níveis toleráveis a luz solar captada. Os astrônomos tinham então que proteger seus olhos com vidros enfumaçados para reduzir mais ainda a intensidade. O problema era que os telescópios pequenos não conseguiam mostrar os detalhes tão facilmente como os grandes. No entanto, se se tentasse usar um telescópio maior e compensar com vidro mais enegrecido, a luz solar concentrada formava bolhas na superfície enfumaçada, que estouravam formando claros, e deixavam passar os raios faiscantes que causavam dano aos olhos. Ou, pior ainda, o vidro podia se estilhaçar com o calor, muitas vezes a poucos centímetros dos olhos do astrônomo.

A inovação de Herschel foi alisar um espelho de telescópio, mas sem poli-lo. Naquele tempo os espelhos não eram feitos de vidro com uma fina camada de prata ou alumínio, mas de metal reflexivo, uma liga de cobre e estanho à qual se acrescentava uma pitada de arsênico, para

O GRANDE ABSURDO DE HERSCHEL

permitir que o metal recebesse polimento. Essa novidade propiciava uma superfície fracamente reflexiva que reduzia naturalmente a ferocidade dos raios solares, permitindo usar espelhos maiores e, assim, captar mais detalhes do que qualquer outro antes dele. Em lugar de uma massa incandescente indistinta, a superfície se transformou em um espaço matizado, que Herschel comparou a uma casca de laranja. Ele também notou que as grandes manchas solares eram depressões escavadas abaixo das camadas luminosas, convencendo-se de que eram "aberturas", através das quais a verdadeira superfície poderia ser vislumbrada.

Por mais revolucionárias que suas ideias parecessem, Herschel não foi o primeiro a apresentá-las. O falecido dr. Alexander Wilson, ex-professor de astronomia na Universidade de Glasgow e pai de Patrick Wilson, amigo de Herschel, havia chegado à mesma conclusão em 1769, 26 anos antes. Tudo o que Herschel fez na realidade foi corroborar o ponto de vista de Wilson. No entanto, ele optou por não mencionar a prioridade de Wilson no assunto. Essa omissão não poderia ficar sem resposta.

Indiferente à iminente controvérsia, Herschel sugeriu que a superfície luminosa não era um oceano, mas uma atmosfera composta por dois vapores diferentes: um transparente e outro brilhante, ou luzente, como ele o denominou. Em sua opinião, as manchas solares eram formadas pela paisagem do mundo sólido que havia abaixo, criando redemoinhos que abriam brechas temporárias na luminosidade.

Embora não conseguisse explicar o que poderia ser essa matéria luzente, ele assinalou que havia precedentes. Na Terra, ocasionalmente a atmosfera brilhava com as auroras. Observadores de Vênus por vezes relatavam ter visto uma luz cinzenta manchando sua face escura.* Sem

---

* Desde sua descoberta em 1643, a luz cinzenta de Vênus tem sido objeto de muitas controvérsias. O sobrevoo do planeta pela nave espacial *Galileu* da Nasa em 1990 proporcionou o que alguns acreditam ser uma explicação. A superfície de Vênus é tão quente (acima de 400 graus Celsius) que as rochas brilham. Às vezes, a capa envolvente de nuvens venusianas se adelgaça, permitindo que o brilho se irradie para o espaço, podendo ser avistado por observadores com olhos de lince na Terra. Outros acreditam que se trata de um efeito atmosférico chamado "brilho do ar (*airglow*)", algo semelhante às auroras terrestres. Outros mais sustentam que a luz cinzenta é um mito, vista apenas por aqueles que possuem boa imaginação ou instrumentos óticos inadequados.

possuir o necessário conhecimento da estrutura atômica da matéria para explicar tal fluorescência, a maioria dos cientistas naturais imaginava simplesmente que a matéria luminosa devia conter algum ingrediente químico ainda não descoberto que brilhava sob condições apropriadas. Enquanto na Terra e em Vênus a luminosidade atmosférica constituía um fenômeno temporário, no Sol, argumentou Herschel, ela era claramente o estado mais natural da sua atmosfera.

Herschel prosseguiu insistindo em sua última conclusão: que o Sol era densamente habitado. E argumentou que isso era na verdade uma consequência inevitável do fato de ele ter "provado" que o Sol era um tipo de planeta. Assim como os exploradores na Terra haviam encontrado sociedades humanas até nas mais remotas paragens do Novo Mundo, também os astrônomos acreditavam que todos os planetas eram igualmente habitados. Se o Sol era um planeta, então tinha que ser um planeta vivo. A seguir, ele fez uma pergunta retórica aos seus ouvintes: como a Terra, a uma distância de aproximadamente 150 milhões de quilômetros do Sol, era aquecida pela superfície deste, não deveria estar a superfície solar calcinada além de toda imaginação?

Ele achava que não. Com efeito, não estava convencido de que o Sol fosse mesmo quente. Como prova, falou das experiências de montanhistas e balonistas que unanimemente constatavam uma queda na temperatura quando subiam a grandes altitudes, o que, em sua opinião, os levava para mais perto do Sol. Com essa noção totalmente equivocada do papel da altitude na temperatura atmosférica, Herschel acreditava que isso era indicativo de que o Sol era fundamentalmente um corpo frio. Ele argumentou que o calor não era uma propriedade inerente da luz solar, mas sim o resultado de sua interação com algum tipo de matéria suscetível. Se a superfície sólida do Sol em grande parte não possuía essa qualidade, ele poderia ser um lugar perfeitamente temperado.

Como argumento final, ele apelou para o bom senso (!) e alertou o público para não cair na mesma armadilha que os supostos habitantes da Lua, que poderiam estar olhando para a Terra e presumindo que ela só estava ali para manter a Lua em órbita e refletir mais luz e calor solar em sua direção, sem considerar que a Terra era morada de vida

O GRANDE ABSURDO DE HERSCHEL

exclusivamente sua. Julgar que a única finalidade do Sol fosse capturar os planetas pela força da gravidade e supri-los fartamente de calor seria um erro semelhante, de acordo com Herschel.

Pouco tempo depois dessa palestra, Herschel recebeu uma carta em sua residência em Slough, para onde havia se mudado para atender ao rei em seus caprichos de observador, no vizinho castelo de Windsor. A carta era de Patrick Wilson, que havia sucedido seu pai na cátedra de astronomia em Glasgow. Wilson pedia que Herschel explicasse por que havia reivindicado a descoberta de que as manchas solares eram aberturas, quando seu pai havia publicado a mesma conclusão décadas antes.

Herschel destruiu a carta, como era seu costume quando se tratava de comunicações que o constrangiam ou que contivessem comentários que, a seu ver, pudessem se tornar embaraçosos para o remetente. Sua resposta foi preservada porque Caroline a transcreveu no caderno de correspondência da família. Herschel deu a entender que não tivera conhecimento do trabalho de Wilson sobre o assunto, mas, agora que o havia lido, "abertamente renunciava a qualquer mérito como primeiro descobridor". Em seguida explicou que havia deixado de acompanhar a recente literatura sobre manchas solares, pois desejava evitar um conflito com o astrônomo alemão Johann Hieronymus Schröter, que havia escrito há pouco, conforme Herschel mencionou em confiança, "um tedioso tratado sobre as manchas solares". Para comentar a respeito de ideias recentes, Herschel teria se sentido na obrigação de discordar das mesmas, provocando, assim, uma discussão, porque Schröter mostrava "uma disposição de aproveitar qualquer oportunidade para defender suas comunicações, tanto as corretas, como as errôneas".

Esse foi talvez o primeiro sinal de que a natureza combativa que Herschel havia demonstrado ao defender Urano estava começando a abandoná-lo. Aos cinquenta e sete anos, ele estava começando a ganhar peso e reduzir sua atividade. Seus registros de observações mostram que ele já não passava todas as noites com sua irmã a vasculhar o firmamento estrelado, em busca de novas descobertas, que havia sido a paixão comum de ambos. Ele havia se casado tarde e tinha então um filho de 3 anos. Estava achando difícil equilibrar o orçamento e se mudou para uma residência mais modesta, pois sua senhoria insistia em aumentar o aluguel toda vez que ele construía um novo telescópio. A pensão que recebia do reino era de míseras 200 libras por ano, que ele complementava construindo telescópios para os ricos e nobres; porém, manter o trabalho artesanal pelo qual era famoso consumia muito tempo. Em sua carta a Patrick Wilson, ele lamentou o fato de estar empenhado na construção de um telescópio de 9 metros para o rei da Espanha, o que significava que não haveria "possibilidade de deixar os trabalhadores sozinhos por doze meses". Além de tudo, as visitas a sua casa e observatório eram então uma obrigação social para os membros da nobreza que passavam por Slough e Windsor. Fazer as honras da casa, por mais que ele apreciasse a atenção, consumia seu tempo e sua energia.

Nas ocasiões em que saía à noite, só se interessava pelo brilho das estrelas. As que chamavam sua atenção particularmente eram algumas poucas cujo brilho se alterava. Conhecendo apenas uma quantidade variável no Sol, o número e tamanho das manchas solares, Herschel propôs que as variações no brilho das estrelas deviam ser motivadas pelo aparecimento de grandes manchas e em grande número. Ele se perguntava o que aconteceria se o Sol sofresse uma explosão semelhante. A resultante diminuição da luz solar seria mesmo devastadora para a vida sobre a Terra? Em sua busca por uma resposta, Herschel examinou o trabalho dos naturalistas e afirmou que muitos fenômenos da história natural pareciam apontar para alterações em nosso clima no passado.

Embora não tivesse deixado seu exato raciocínio por escrito, é quase certo que estava pensando na crença que começava a se avolumar de que as paisagens da Terra não haviam aparecido em sua forma definitiva, como queria a tradução literal da Bíblia, mas haviam se formado gradualmente, amadurecendo ao longo das eras, até chegar às suas formas então conhecidas. Ao estudarem as camadas rochosas expostas nas faces de penhascos e em minas, os naturalistas descobriram que as coisas no

O GRANDE ABSURDO DE HERSCHEL

passado tinham sido diferentes do que eram agora. Os fósseis constituíam excelentes ilustrações. Enterrados nas falésias calcárias fustigadas por tempestades do sul da Inglaterra, havia restos de criaturas semelhantes a crocodilos tropicais. Teria a Inglaterra sido realmente uma região quente, mais parecida com as terras equatoriais?

Hoje em dia sabemos que as rochas vêm sendo movimentadas pela Terra ao longo das eras pelas forças que agem no interior de nosso mundo, mas para Herschel tais ideias, sem mencionar a tecnologia necessária para medir o deslocamento dos continentes, estavam séculos à frente. A única interpretação ao seu alcance era que a Inglaterra outrora havia sido muito mais quente. Ele escreveu que "talvez a forma mais fácil de explicar [aparentes mudanças climáticas] seja presumir que nosso Sol tenha sido no passado algumas vezes mais e algumas vezes menos brilhante do que é no presente. De qualquer forma, será muita presunção atribuir importância à estabilidade da atual ordem das coisas".

Como resultado das ideias de Herschel sobre mudanças climáticas, suas pesquisas solares ganharam um impulso renovado. Ele começou a trabalhar na adaptação de um telescópio com um espelho de nove polegadas de diâmetro e de imediato se defrontou com um obstáculo. O calor focalizado rachava todas as placas de vidro escurecido que ele usava para reduzir o brilho. Inovador tecnológico que sempre fora, começou a fazer experiências com vidro colorido para aperfeiçoar a ocular solar ideal. Descobriu que o vidro vermelho, embora interceptasse a maior parte da luz do Sol, deixava no olho uma intolerável sensação de calor. Ao colocar um termômetro no lugar em que ficava o olho, o instrumento subiu 29 graus imediatamente e ele teve que tirá-lo de lá, para evitar que o mercúrio em rápida expansão rompesse o tubo de vidro. O vidro verde, por outro lado, cortava o calor, mas deixava passar muita luz.

Naquele tempo acreditava-se que cores diferentes produziam quantidades iguais de calor. Os vidros coloridos de Herschel demonstraram que não era bem assim. Intrigado, iniciou uma investigação. Colocou um prisma em uma janela iluminada pelo sol e o usou para projetar um espectro de arco-íris sobre uma placa móvel na qual havia escavado uma longa fenda. Sob a placa, colocou três termômetros, um dos quais era seu e dois emprestados por Wilson, com quem já voltara às boas. Manobrando a placa, podia variar a cor que passava através da fenda até os bulbos de mercúrio mais abaixo. Ele experimentou todas as cores, desde o azul até o amarelo e o laranja, registrando quanto cada uma delas fazia subir a escala dos termômetros. Chegando ao vermelho, a temperatura continuou a subir. Não podia haver erro: a luz vermelha realmente possuía maior poder de aquecimento do que as outras cores.

Ele fez seu primeiro anúncio na Royal Society em 27 de março de 1800, enviando outros trabalhos para serem lidos quatro semanas depois. Ele antecipou suas conclusões surpreendentes com alguns comentários defensivos, lembrando aos ali reunidos que, por vezes, era obrigação dos cientistas naturais duvidar das coisas comumente tidas como certas. Com o público preparado de antemão, afirmou que a capacidade de aquecimento das várias cores da luz era diferente, sendo que os raios azuis quase não a possuíam.

Como temia, nem todos acreditaram nele. Suas conclusões eram tratadas em alguns setores como pouco mais do que divagações de um tolo. Um artigo impertinente foi publicado por um certo sr. Leslie no *Journal of Natural Philosophy, Chemistry and the Arts,* afirmando que Herschel havia cometido um erro amador e registrado apenas a subida da temperatura ambiente. Herschel adotou uma atitude superior com relação ao ataque, sua equanimidade sem dúvida auxiliada pelo apoio irrestrito de sir Joseph Banks, presidente da Royal Society. Banks escreveu uma carta respeitosa a Herschel, solicitando um encontro em particular no qual discutiriam a nova pesquisa. Talvez consciente das críticas que Herschel estava recebendo, ele assegurou ao astrônomo que, embora "o público venha a apreciar o valor de sua descoberta quando achar apropriado, de minha parte, espero que o senhor não se sinta desrespeitado quando lhe digo que, por mais que eu tenha exaltado a descoberta de um novo planeta, considero a separação de luz e calor uma descoberta fértil de contribuições mais importantes para a ciência".

O GRANDE ABSURDO DE HERSCHEL

Obviamente animado, Herschel prosseguiu com seu trabalho, usando novamente a Royal Society como seu veículo para apresentar uma conjectura ainda mais audaciosa: não só algumas cores não tinham relação com o aquecimento, mas a maior parte do verdadeiro poder calorífero do Sol era conduzida em raios invisíveis, que existiam além do extremo vermelho do espectro visível. Novamente ele fez a demonstração colocando um prisma na janela; dessa vez, escureceu a janela em torno do prisma com uma pesada cortina verde, de modo que não houvesse qualquer infiltração de luz para afetar os termômetros. O espectro colorido se projetava do prisma sobre uma mesa coberta com papel branco. Ele então movia os termômetros de uma cor para a outra, anotando as respectivas leituras.

Para conter seus detratores, colocou um termômetro em linha com os outros dois, porém ao lado das cores, de modo que não recebesse iluminação. Com esse arranjo ele podia monitorar a temperatura ambiente, controlando se as cores realmente aumentavam as leituras dos termômetros. Esse foi o seu golpe de mestre e lhe deu mais confiança com relação ao seu próximo lance. Após fazer as leituras para todas as cores, ele deslocou os termômetros até acima da borda discernível da luz vermelha. Em lugar de voltarem para a temperatura ambiente, os termômetros subiram novamente. Na verdade, subiram muito além de qualquer das temperaturas medidas quando estavam sobre as cores. O termômetro que ficara de lado, no entanto, continuou com sua marcação estável. A conclusão era inescapável: o calor do Sol era conduzido em sua maior parte em raios invisíveis que se comportavam como luz, mas que não eram percebidos pelo olho humano.

Herschel queria referir-se a eles em seu pronunciamento como raios calóricos, mas Banks o persuadiu a não fazê-lo, pois o sistema da química, de onde Herschel havia tirado a expressão, enfrentava a contestação dos franceses. Na opinião de Banks, adotar um nome derivado de uma teoria combatida poderia predispor as pessoas contra a própria descoberta. Assim, ele adotou a sugestão de Banks de usar calor radiante como nome provisório. Oitenta anos se passariam até que a comunidade científica se decidisse pelo termo "infravermelho" para os invisíveis raios de calor de Herschel.

A descoberta do calor radiante derrubou as ideias de Herschel de que o Sol seria um corpo frio, mas o fez voltar a pensar sobre a mutabilidade solar e sobre que tipos de desastres isso poderia acarretar à Terra. Havia um justo contexto social para tal preocupação. As guerras revolucionárias francesas estavam campeando por toda a Europa, transformando-se nas Guerras Napoleônicas. A Inglaterra estava em guerra com a França desde 1793 e estava isolada, impossibilitada de recorrer à importação de grãos da Europa. Isso era bom para os proprietários de terras britânicos, que monopolizavam o mercado inglês, mas terrível para as pessoas comuns. O que as livrava da fome era o pão, e, se o preço dos grãos subisse, havia a possibilidade real de que seus magros salários não bastassem para adquirir alimentos suficientes, especialmente se tivessem uma família para sustentar.

Herschel viu nisso uma analogia direta. Os egípcios sabiam que o Nilo por vezes transbordava e que a sorte de suas colheitas dependia dessas inundações. Estas, porém, eram irregulares, influenciadas por forças naturais, fora do controle da população. Reconhecendo o fato, procuravam adivinhar os sinais de uma iminente má temporada de inundações, para tomarem as providências necessárias. Em 16 de abril de 1801, ele indagou à Royal Society: "Não deveríamos também procurar um melhor entendimento da maravilhosa energia do Sol e tomar as providências para os anos em que sua luz e seu calor sejam insuficientes, resultando em colheitas fracas?" Para Herschel, já não se tratava de mera curiosidade científica. A luz e o calor do Sol eram basicamente a fonte de toda a vida terrestre. Era imperativo entender que nível de continuidade poderia ser atribuído aos raios. Ele então iniciou um estudo definitivo sobre o verdadeiro vínculo entre a Terra e o Sol.

Ao longo da década anterior, ele havia reunido uma considerável quantidade de notas sobre as manchas solares que tinha visto. Ao examinar os dados, algo lhe chamou a atenção: entre 5 de julho de 1795 e 12 de fevereiro de 1800, durante muitos dias as manchas não apareceram no disco. Então, voltaram de repente, com sua usual prodigalidade. Portanto, elas não ficavam constantes. Ele registrou: "Parece-me, se posso usar a metáfora, que o nosso Sol por algum

O GRANDE ABSURDO DE HERSCHEL   53

tempo no passado esteve sofrendo de uma indisposição, da qual está agora em franca recuperação."

A impressão de Herschel era que sua predição da instabilidade do Sol estava se concretizando diante de seus olhos. Mas, seria isso um caso isolado ou um ciclo que se repetia? Ele precisava de mais dados. Pesquisando jornais antigos à procura de observações anteriores de manchas solares, conseguiu encontrar apenas escassas informações de real interesse de seus predecessores. Ele lamentou publicamente essa carência de observações consistentes, pois isso parecia apenas confirmar aquele tipo de opinião formada com relação ao Sol que ele agora combatia.

A despeito da escassez de dados, ele perseverou em seus esforços e acabou identificando cinco períodos anteriores nos quais supunha que a quantidade de manchas havia declinado: 1650-1670, 1676-1684, 1686-1688, 1695-1700, 1710-1713. Mas como poderia verificar se havia ocorrido uma alteração no clima da Terra durante aqueles anos? Não havia então registros meteorológicos sistemáticos aos quais recorrer; tais práticas estavam apenas nos primórdios. Ele precisava pensar em algo que dependesse do clima e que fosse de tal importância para a sociedade que haveria algum tipo de documentação sobre o assunto. Por fim, compreendeu que não precisava ir além do próprio fato que havia determinado seu interesse: o preço do trigo. Ele recorreu à clássica obra de Adam Smith, *A riqueza das nações*, de 1776, à cata de dados. Herschel considerava a ideia perfeita. Em anos favoráveis, a colheita de grãos seria farta e as leis de oferta e procura assegurariam um preço baixo. Nos anos de tempo ruim, o preço tenderia a subir. Tudo o que precisava fazer era cotejar os preços do trigo com os registros de manchas solares. E, ao fazê-lo, teve uma surpresa.

Se Herschel pensava que as manchas solares reduziam a luz e o calor do Sol, diminuindo assim a temperatura, sua conclusão provisória indicava exatamente o contrário. A escassez de manchas solares parecia corresponder a preços mais altos para o trigo e portanto, presumivelmente, clima adverso. Os períodos de maior quantidade de manchas de certa forma pareciam provocar climas melhores e produção mais abundante.

Para explicar isso, Herschel recorreu aos seus raios de calor invisíveis e sugeriu que nuvens de um "gás empíreo" transparente estavam jorrando através da atmosfera luminosa do Sol, criando as aberturas vistas como manchas solares e liberando para o espaço sua cota de raios de calor invisíveis, que aqueciam o nosso planeta e transformavam nosso clima. Em outras palavras, as manchas solares não impediam a emanação do calor, mas eram o resultado de sua copiosa emissão. Tendo proposto a ideia, apelou aos outros colegas para aceitarem o desafio de observar o Sol e testar sua teoria. Esse foi o mais ousado de todos os seus pronunciamentos sobre o Sol, com o propósito de conclamar os astrônomos à união, para que sua ciência servisse a um novo e audacioso uso. Ele não mais acreditava que fosse suficiente apenas mapear corpos celestes; queria que os astrônomos discutissem a própria natureza destes. Suas palavras, contudo, só encontraram ouvidos surdos. Os que chegaram a ouvi-lo, além de criticá-lo, resolveram também ridicularizá-lo.

O *Edinburgh Review* publicou um ataque violento a Herschel e sua ciência. Henry Brougham, um culto reformista escocês, escarneceu de seu zelo pela classificação, que chamou de "apego inútil". Acreditando que o astrônomo não havia se empenhado o bastante para adequar suas observações à estrutura existente das ciências naturais e, assim, se apressara em cunhar novos termos com definições vagas, Brougham escreveu: "A invenção de um nome é apenas uma realização insignificante para ele, que descobriu mundos." O golpe de misericórdia do artigo continha o mais cruel dos sentimentos: "Quanto às especulações do Doutor sobre a natureza do Sol, temos muitas objeções semelhantes [relativas a sua nomenclatura inventada], mas todas ficam eclipsadas pelo grande absurdo que ele propôs, em sua apressada e errônea teoria a respeito da influência das manchas solares sobre o preço dos grãos. Desde a publicação da viagem de Gulliver a Laputa, nada tão ridículo jamais havia sido apresentado ao mundo."

Brougham se referia à obra de Jonathan Swift, *Viagens de Gulliver*, uma série satírica de contos, publicada em 1726, que visava zombar da

O GRANDE ABSURDO DE HERSCHEL

crescente fascinação da Inglaterra pelos costumes e rituais de sociedades longínquas. A história mais conhecida fala do encontro de Gulliver com o povo minúsculo de Lilliput, mas Brougham viu mais paralelos na viagem a Laputa, onde Gulliver encontrou uma raça de pessoas que jamais tinha um minuto de paz de espírito, pois seus pensamentos estavam permanentemente tomados por apreensões de que os corpos celestes poderiam mudar. Um dos exemplos de Swift diz: "que a face do Sol será gradualmente encoberta por seus próprios eflúvios, e não mais irradiará sua luz para o mundo".

Com toda probabilidade, a invectiva de Brougham foi a reação a uma controvérsia que o próprio Herschel havia iniciado enquanto estudava o Sol, controvérsia esta que parecia pintá-lo com as cores da hipocrisia. Em seguida à descoberta de Urano por Herschel, os astrônomos foram tomados por um desejo febril de encontrar mais planetas. Em 1º de janeiro de 1801, o astrônomo italiano Giuseppe Piazzi alegou ter se alçado à posição de Herschel, pois teria descoberto outro planeta. Todos acreditaram nele, menos Herschel.

Giuseppe Piazzi havia fundado o observatório de Palermo, na Sicília, em 1780. Sendo este o mais meridional dos observatórios da Europa, Piazzi podia alcançar regiões do céu que nenhum outro astrônomo europeu conseguia observar e dedicava seu tempo a compilar um catálogo de estrelas dessas regiões inexploradas. Envolvido pacientemente nessa atividade no primeiro dia do ano de 1801, detectou uma estrela pálida entre muitas outras. Na noite seguinte voltou a observar o firmamento para conferir suas medições e descobriu que a estrela havia se movido. Acompanhou sua trajetória durante várias noites, observando sua passagem pelo céu, e, em 24 de janeiro, escreveu a alguns astrônomos, comunicando sua descoberta. Seguindo o exemplo de Herschel ao anunciar Urano, Piazzi declarou ter descoberto um cometa, mas confiou suas reais expectativas ao astrônomo conterrâneo Barnaba Oriani, de Milão, escrevendo: "Anunciei esse astro como um cometa, mas como não é acompanhado por nebulosidade e, além disso, como seu movimento é tão lento e bastante uniforme, ocorreu-me várias vezes que poderia ser algo melhor do que um cometa. Mas tive o cuidado de não antecipar essa suposição ao público."

O astrônomo alemão Johann Elert Bode não tinha dúvida de que Piazzi havia descoberto um planeta e valeu-se de sua posição como diretor do Observatório de Berlim e editor da prestigiosa revista alemã de astronomia *Berliner Astronomisches Jahrbuch* para divulgar o achado por toda a Alemanha e em outros países. Ele também alegou ter previsto a existência do planeta. Ainda em 1768, no ardor de seus 19 anos, ele havia publicado uma simples expressão matemática que, com extraordinária facilidade, predizia a distância de cada planeta a partir do Sol. Ele só deixou de mencionar que um outro astrônomo alemão, Johann Daniel Titius, já havia formulado a mesma expressão em 1766. A lei de Titius-Bode previa a existência de um planeta entre Marte e Júpiter, onde os astrônomos não tinham conhecimento de nada, a não ser um vazio de 480 milhões de quilômetros. Bode imaginou que o "cometa" de Piazzi seria esse mundo perdido e para confirmá-lo seria apenas necessário calcular sua órbita.

Irritantemente, o planeta passou por trás do Sol, ficando fora de visão, antes que as necessárias observações pudessem ser feitas. Seria preciso esperar até o fim do ano para que ele se afastasse do Sol o suficiente para ser novamente visível na escuridão. Para alegria dos astrônomos, a órbita se localizava exatamente na distância prevista por Bode. O novo mundo recebeu o nome de Ceres.

Se isso já não fosse suficientemente maravilhoso, em 28 de março de 1802 o dr. Heinrich Wilhelm Matthäus Olbers, um médico que também se dedicava à astronomia, descobriu "outro Ceres", seguindo uma órbita semelhante. Para Bode, isso foi um constrangimento e tanto. Se havia dois planetas entre Marte e Júpiter, isso jogava por terra todos os cálculos necessários para fazer sua lei funcionar. Ele escreveu a Herschel, afirmando que Ceres era o verdadeiro quinto planeta e que Pallas, como tinha sido chamado, era nada mais do que um parasita celeste — um cometa extraordinário de algum modo capturado por Ceres, ou um planeta excepcional fora da ordem normal das coisas. Olbers retaliou, comunicando à Royal Society que "Pallas é um planeta; o próprio irmão de Ceres, não inferior a este em dignidade e importância".

O GRANDE ABSURDO DE HERSCHEL

Herschel não acreditava em nenhum desses pontos de vista. Valendo-se das extraordinárias ampliações que seus telescópios proporcionavam, ele havia medido os diâmetros desses dois supostos mundos e os achou insuficientes. Para Ceres, ele calculou aproximadamente 260 km e, para Palas, cerca de 235 km. Johann Hieronymus Schröter, com quem ele evitara entrar em atrito vários anos antes, havia usado outros instrumentos e chegou a respeitáveis 2.600 e 2.280 km para cada um (aproximadamente o tamanho do planeta interior Mercúrio). Pelos padrões modernos, ambas as estimativas são erradas, porém as de Herschel são as que mais se aproximam da realidade. Ceres e Palas têm 933 e 530 km aproximadamente.

Usando seu tamanho diminuto como munição, Herschel resolveu derrubar a reivindicação de ambos ao *status* de planetas. Ele assinalou que em sua aparência eram praticamente indistinguíveis de estrelas e propôs o nome de asteroides, que significa semelhante a estrelas. Mesmo sabendo muito bem que tais corpos não podiam ser estrelas — ele concordava com Newton, que as estrelas eram semelhantes ao Sol, só que vistas a uma distância muito maior —, argumentou que o termo asteroide era perfeitamente representativo daqueles objetos.

Quase imediatamente começaram a chegar cartas de protesto de Bode, Olbers e Piazzi. Em 17 de junho de 1802, Olbers voltou a escrever, dessa vez em tom conciliatório. E se esses planetas em miniatura fossem fragmentos de um mundo outrora nobre, que havia sido destroçado por forças cósmicas além da imaginação racional? Já havia especulações entre os astrônomos sobre a devastação que um cometa poderia provocar caso se chocasse com um planeta. Não estariam eles agora encontrando as provas de tal colisão? Herschel não respondeu. Em 4 de julho, Piazzi escreveu sugerindo o nome de "planetoides" para Ceres e Pallas. Com uma certa razão, o italiano assinalava que asteroide era um nome mais apropriado para uma estrela pequena. Herschel ignorou essa sugestão também. Pouco tempo depois, lorde Brougham publicou sua contundente avaliação sobre Herschel no *Edinburgh Review*, com a frase de efeito: "A invenção de um nome é apenas uma realização insignificante para ele, que descobriu mundos."

Diante de tais críticas, Herschel tratou de recolher-se. Alguns meses depois a situação tomou novo rumo, quando um terceiro mundo em miniatura foi descoberto. Com seu telescópio ele examinou Juno, como foi chamado o novo corpo, e declarou que o termo asteroide era perfeitamente aplicável também a ele. Embora ninguém pudesse negar a semelhança, agrupar esses objetos sob um nome equivocado era um ato imprudente de alguém cujo lugar na história estava assegurado. Seus colegas astrônomos passaram então a fazer ásperas críticas a seus trabalhos. Em 1804, Bode publicou no *Jahrbuch* uma tradução do artigo de Herschel sobre manchas solares e preços do trigo. Como era prática usual na época, se o tradutor quisesse discordar das ideias expostas, acrescentava rudes notas de rodapé. Nesse caso, a nota dizia que os preços do trigo na Inglaterra não poderiam ser usados para medir a fertilidade geral da Terra. Herschel respondeu assinalando que a Lua provoca marés de diferentes alturas, em lugares diferentes e em horas diferentes e, no entanto, ninguém põe em dúvida que ela é a responsável. Os preços do trigo podiam referir-se apenas à Inglaterra, mas ele acreditava que outros produtos agrícolas e outras associações com as manchas solares seriam detectados em outros países. Ele ressaltou, em especial, que um aumento na energia dos raios solares poderia mostrar-se desastroso para a colheita em um país de clima "já suficientemente quente para o cultivo do trigo".

Se não lhe bastassem os problemas profissionais, Herschel também se preocupava com John, seu querido filho de 9 anos. O menino não era muito saudável, circunstância que a família atribuía à escolha de uma ama de leite inadequada. A mulher havia sido contratada para amamentar John, uma prática comum na época. Pouco tempo depois de o menino ser desmamado, a infeliz adoeceu e morreu, deixando os Herschel preocupados com a nutrição deficiente que ela teria dado a seu filho único.

John parecia pouco se importar com sua fragilidade. Entrou para a prestigiosa escola para meninos de Eton, perto da casa dos Herschel, mas não ficou lá por muito tempo. Certo dia, em visita a Eton, sua mãe ficou horrorizada ao vê-lo semidespido, trocando socos com um

O GRANDE ABSURDO DE HERSCHEL

dos alunos maiores. Ela depressa tirou seu delicado filhinho de Eton e o matriculou em uma escola particular, ainda mais perto de Slough. E providenciou para que a educação do menino fosse complementada com aulas particulares de matemática.

À medida que as pressões sobre Herschel se avolumavam, ele foi se desinteressando de suas pesquisas solares. Embora tivesse aperfeiçoado oculares para poupar sua vista, concluiu que os próprios telescópios estavam sofrendo com o calor. Se usasse um espelho de mais de nove polegadas de diâmetro, este se deformava sob o calor, acabando com a nitidez da imagem. Já perto dos 70 anos, não tinha mais disposição para um novo ciclo de invenções e deixou de lado seus estudos sobre o Sol.

Ele começou a queixar-se de despesas exorbitantes por um telescópio que pouco utilizava para complementar sua renda. O instrumento de quarenta pés de comprimento era o maior do mundo. Estava montado em uma estrutura de madeira com mais de 12 metros de altura. A construção havia sido feita com os recursos concedidos pelo rei, que depois continuou a pagar pela manutenção. O monarca só havia imposto uma condição: ocasionalmente levar seus convidados para observarem o firmamento através do poderoso telescópio. O problema era que este jamais havia funcionado bem. Era muito pesadão para apontar com precisão e por isso levava muito tempo para localizar objetos indistintos. Herschel logo voltou a usar um confiável telescópio de 20 pés de comprimento, que aliava potência a facilidade de manejo. Contudo, seus reclamos ao palácio a respeito das despesas mostravam que o inoperante instrumento de 40 pés havia chegado a um grau de desgaste que exigia reparos. Na verdade, quem mais usava o grande telescópio era o jovem John. Ele subia pela estrutura como se esta fosse um trepa-trepa.

Em 1811, a tensão mental acabou por cobrar seu tributo. Herschel sofreu um esgotamento tão profundo que todos ao seu redor chegaram a temer por sua vida. Ele se recuperou, mas tornou-se sombrio, só se reanimando pela luz refletida de suas glórias passadas. Sua única esperança era o filho. A generosa atenção proporcionada a John estava dando frutos. Em 25 de janeiro de 1813, o frágil William recebeu uma comunicação de Cambridge, de que seu filho havia se formado como *senior wrangler*, distinção concedida ao melhor aluno de matemática do ano.

William ajudou na eleição de John como Membro da Royal Society e passou a instruí-lo para uma carreira segura e que também lhe proporcionasse bastante tempo livre para experiências científicas. Para o pai, a escolha era óbvia. Ele começou por exaltar as virtudes da vida religiosa. John se opôs com veemência à sugestão, argumentando que não podia "deixar de encarar a fonte dos emolumentos da Igreja com desconfiança".

"A tendência deplorável de tal sentimento, a injustiça e a arrogância que expressam, estão além de meu entendimento", respondeu William, que considerava inquestionável a moralidade defendida pelo cristianismo, não importando se a pessoa acreditava em Deus ou não.

John pretendia especializar-se como advogado. William ficou tão irritado com a perspectiva que chamou a profissão de "desonesta, torturadora e incerta", afirmando ao filho que os estudos matemáticos nos quais ele havia se distinguido eram "de uma classe superior".

A divergência foi sanada por ocasião do Natal, quando William permitiu que John se inscrevesse no curso de direito em Lincoln's Inn. A tentativa durou apenas dezoito meses. Incapaz de abandonar seus interesses científicos, John se esgotava procurando conciliar os estudos com as pesquisas científicas. Em 1815, aconselhado por seu médico, John abandonou Lincoln's Inn e voltou a Cambridge como simples preceptor de matemática. Com o tempo, veio a assumir a posição de professor na universidade e recuperou a saúde.

Com isso, William voltou a acalentar aspirações de moldar a carreira de John. Em 1816, foi com o filho passar férias em Dawlish, à beira-mar, local então em voga e refúgio favorito da escritora romântica Jane Austen. A idade estava minando rapidamente a energia de William. Enquanto pai e filho respiravam o ar revigorante do litoral, o primeiro falou de seu trabalho astronômico inacabado. Poucos profissionais, talvez nenhum, levavam suas "varreduras" suficientemente a sério para continuar a empreitada. Pareciam cegos às milhares de nuvens celestes que ele havia registrado. Chamadas de nebulosas, ele acreditava que fossem os vapores dos quais se originavam as estrelas, mas ninguém parecia ter interesse em explorar sua natureza e tampouco a das estrelas e planetas, ou mesmo a do Sol. Em lugar disso, continuavam servilmente a aprimorar seus mapas estelares para uso na navegação.

Os telescópios gigantes de William eram os melhores do mundo. No entanto, estavam se deteriorando, sem uso, nos jardins da casa de Slough. O de 40 pés estava imóvel, com seu espelho embaçado sem possibilidade de recuperação. Seu irmão menor, o de 20 pés, poderia ser restaurado, mas no momento estava silencioso, quando antes o barulho das cordas passando pelas roldanas indicava que estava apontado para o céu noturno. Tudo parecia perdido, a menos que John retomasse o trabalho de seu pai.

John voltou a Cambridge, com as palavras de seu pai martelando sua consciência. Ao chegar o outono, ele compreendeu que só havia um curso de ação digno. Se ninguém mais levava a sério o legado astronômico de seu pai, então ele teria que assumi-lo. Sacrificou suas próprias ambições, desligando-se de Cambridge e retornando a Slough para trabalhar como aprendiz de seu pai. Felizmente, suas restrições iniciais logo se transformaram em paixão pelas impressionantes visões proporcionadas pelo telescópio de 20 pés. Muitas vezes, fazia suas observações com um amigo de Lincoln's Inn, James South. Após uma sessão esquadrinhando as montanhas da Lua e depois os anéis de Saturno, John escreveu animado, dizendo acreditar que os grandes telescópios seriam capazes de mostrar qualquer coisa.

Quando o velho telescópio deixou de funcionar depois de John ter retomado seu uso, ele imediatamente se pôs a reconstruí-lo. Nesse processo, ele teve a noção do que seu pai, recentemente nomeado cavaleiro, havia sido no passado. Ficou espantado com a clareza das instruções do patriarca e percebeu que este ainda possuía "uma mente não afetada pela idade". Pena que o mesmo não se aplicava a seu corpo alquebrado.

Com o telescópio de novo em ação, James e John voltaram às suas observações, revezando-se na ocular, à cata das enigmáticas formações de nebulosidade que se espalhavam pelo céu. Eles se deleitavam com a complexidade de cada uma que descobriam. Um exemplar particularmente belo levou James a blasfemar: "Santo Deus! Por esta vale a pena ir até o inferno!"

John logo encontrou outros igualmente apaixonados pela astronomia, e juntos consideraram criar uma organização só de astrônomos, um cadinho onde pudessem se entregar a discussões detalhadas que estavam além do escopo da Royal Society. Quatorze cavalheiros astrônomos traçaram seus planos em 12 de janeiro de 1820 na Freemason's Tavern, perto do alojamento de John durante sua tentativa frustrada de fazer o curso de direito. Entre os que apoiavam a criação da Astronomical Society estava Edward Adolphus Seymour, 11º duque de Somerset e antigo membro da Royal Society. Ele aceitou ser o presidente da nova sociedade.

Quando a notícia chegou a Sir Joseph Banks, que vinha presidindo a Royal Society há quarenta anos, ele imediatamente procurou o duque. Com bastante vigor, Banks argumentou que instituições separadas fragmentariam a ciência, não apenas arranhando o prestígio da Royal Society, mas também possivelmente ameaçando sua própria existência. Devidamente persuadido, o duque renunciou à presidência da Sociedade Astronômica e se desligou também como associado.

John pediu a seu pai para ocupar o posto. A princípio, Sir William recusou, em virtude de sua saúde precária, mas mudou de ideia quando Sir Joseph Banks faleceu no verão. Sua sempre prestimosa irmã Caroline redigiu a carta de aceitação, com a condição de que ele ficasse isento de todos os deveres. Sir William não conseguia controlar os tremores; sua mente estava cheia de preocupações a respeito do telescópio de 40 pés, e ele vivia atormentado acerca da segurança de seus registros de antigas observações, temendo que a obra de sua vida de alguma forma viesse a se perder.

O melancólico declínio de Sir William chegou ao máximo dezoito meses depois quando, em meados de agosto, o ancião teve que se esforçar por meia hora simplesmente para levantar-se. Os criados o fizeram deitar-se de novo, deixando sua esposa e sua irmã em desesperada vigília junto ao seu leito. Na ocasião, John estava excursionando pela Holanda, e as cartas aflitas chamando-o de volta para casa não conseguiam alcançá-lo. Sua intenção era conhecer o local da recente e definitiva derrota de Napoleão. Enquanto visitava as três casas de fazenda no centro do campo de batalha, John não fazia ideia de que, na Inglaterra, seu pai estava diante de seu próprio Waterloo.

Em 25 de agosto de 1822, após dez angustiantes dias de inconsciência, Sir William Herschel morreu, aos 84 anos de idade.

3

A cruzada magnética,
1802-1839

Ainda em 1802, enquanto William Herschel refletia sobre os preços do trigo e a possibilidade de mudanças climáticas naturais, um naturalista alemão, Alexander von Humboldt, olhava com preocupação os campos de trigo do vale de Cajamarca no Peru, conjecturando que efeito teria a expansão das populações humanas sobre o clima. Ele se encontrava na América do Sul, concretizando uma ambição que nutria desde sua juventude, quando ouvia histórias sobre viagens marítimas, que o levaram a se apaixonar pela ideia de explorar o mundo para apreciar a beleza da natureza.

Perto de seu trigésimo aniversário, ele resolveu transformar suas ambições em realidade. Cruzou o oceano até a América do Sul e lá encontrou uma inexplorada terra de maravilhas, onde passou os próximos cinco anos pesquisando e classificando tudo o que podia, por vezes tendo que procurar as palavras para descrever a grandiosidade das paisagens vulcânicas com que se deparava. Mas, para conhecer aquele ambiente primitivo, havia um preço a pagar. Ele sofreu com as pragas de mosquitos e doenças tropicais que quase o levaram à morte. Subestimando sua extraordinária capacidade de recuperação, os jornais europeus por três vezes o deram como morto; no entanto, ele sempre se recobrava e seguia adiante, embrenhando-se cada vez mais no coração do continente.

As preocupações de Humboldt com relação às mudanças climáticas começaram quando ele chegou às águas cristalinas do lago Valencia, na Venezuela, e encontrou uma aflita comunidade local. O nível da água estava diminuindo inexplicavelmente. Humboldt começou a investigar e descobriu que as florestas ajudam a reter o ar carregado de umidade, aumentando a incidência de chuvas sobre uma determinada área. Os colonos em torno do lago vinham se empenhando em derrubar árvores, para abrir espaço para suas casas e lavouras. Como resultado, havia menos água para alimentar o lago. Levando consigo as primeiras preocupações a respeito dos efeitos danosos do desmatamento, ele continuou sua jornada.

Por onde andasse, ele empregava guias e criados para carregarem sua sempre crescente coleção de espécimes. Periodicamente fazia embarcar essa coleção de animais vivos e amostras de plantas para a Europa, na expectativa de mais tarde poder usá-la em suas pesquisas. Mas havia uma descoberta que para ele tinha mais valor do que qualquer outra e que podia ser registrada em um simples pedaço de papel, na forma de uma série de quatro números. Era a localização do equador magnético da Terra.

A natureza magnética da Terra já era evidente desde os tempos antigos, quando pedras-ímã inspiravam a crença em poderes mágicos. Essas rochas encontradas na natureza possuíam a extraordinária capacidade de atrair pedaços de ferro e, quando suspensas, costumavam apontar automaticamente para o norte. No século V a.C., Lucrécio escreveu que os gregos chamavam essas maravilhosas pedras de magnetos, pois eram encontradas em Magnésia, na Tessália, ao norte da Grécia.

Em 1600, William Gilbert, o médico da rainha Elizabeth I, libertou os ímãs dos reinos associados do misticismo e da magia, realizando com eles experiências científicas que poderiam ser reproduzidas. Ele percebeu que os ímãs provavelmente não poderiam curar a gota ou os espasmos, colocar alguém nas boas graças de nobres e príncipes, exorcizar a bruxaria de mulheres, pôr demônios em fuga, reconciliar casais ou até atrair ouro em lugar de ferro, depois de terem sido conservados no sal de peixe marinho. Tampouco perderiam seu poder quando esfregados com alho ou colocados perto de um diamante. Em lugar disso, o que Gilbert descobriu foi algo bem mais prosaico:

A CRUZADA MAGNÉTICA

era possível fazer com que um par de ímãs se atraísse ou se repelisse, dependendo da posição em que fossem colocados. Em outras palavras, eles interagiam um com o outro, e isso poderia significar apenas uma coisa. Como apontavam sempre para o norte, independentemente de onde estivessem localizados na Terra, Gilbert deduziu corretamente que nosso próprio planeta devia ser um gigantesco ímã, com polos magnéticos ao norte e ao sul.

Quando o uso das bússolas magnéticas se difundiu nas viagens marítimas durante o século XVII, uma limitação se tornou óbvia: elas não apontavam exatamente para o polo norte geográfico (o ponto onde se localiza o eixo de rotação da Terra no hemisfério norte do planeta). Portanto, o polo magnético tinha que estar em outro lugar. Em qualquer posição em que estivesse um navio, este formaria um triângulo com os dois polos. Somente quando a embarcação estivesse na mesma linha de longitude que o polo magnético, ou a 180 graus deste, sua bússola apontaria para o norte geográfico. Em todos os outros pontos, haveria uma variação que mudava de um local para outro. Essa variação, ou declinação magnética, como veio a ser conhecida, exigiria um mapeamento em todo o mundo, para que todos os navios possuíssem os fatores de correção para converter o norte magnético no norte real.

Foi Edmond Halley, famoso pelo cometa, que nos primeiros anos do século XVIII zarpou de Deptford, no estuário do Tâmisa, e navegou pelo Atlântico, elaborando a primeira carta de declinações de amplo alcance. Com as tabelas de Halley como referência, outros problemas logo se tornaram óbvios. A própria declinação não era constante, mas variava durante o dia, como se o próprio polo magnético estivesse sutilmente mudando de posição durante o dia, antes de retornar à noite, para recomeçar o mesmo movimento na manhã seguinte.

O pior era que as medições anuais de declinação dos estaleiros de Greenwich, em Londres, mostravam claramente que o polo norte magnético se deslocava lentamente a cada ano. O movimento se sobrepunha ao avanço e recuo diários da declinação e significava que os fatores de correção de Halley necessitariam de constantes atualizações. Essa atividade magnética confundia os cientistas naturais. Nenhum outro tipo

68   OS REIS DO SOL

de ímã apresentava variação em sua força ou direção de magnetismo: isso demonstrava que a Terra não era o magneto simples que William Gilbert havia descrito na corte da rainha Elizabeth I.

Halley elaborou uma teoria segundo a qual a Terra era uma crosta oca, em cujo interior havia outras esferas menores, como as bonequinhas de encaixe russas. Todas as esferas seriam magnéticas e giravam com velocidades diferentes, uma dentro da outra. A combinação de suas forças magnéticas individuais então mudaria com o tempo. Um retrato de Halley aos 80 anos mostra-o segurando um diagrama de sua teoria da Terra oca. No tempo de Humboldt, essa solução bizantina havia sido abandonada e os cientistas estavam à procura de algo mais simples. O campo magnético da Terra tinha três componentes mensuráveis: o primeiro era a força, o segundo, a declinação com suas variações diárias e anuais, e a terceira era o ângulo que o campo magnético formava com o solo, ou inclinação.

Quando Humboldt partiu da Europa em 1799, levou um instrumento capaz de medir esse terceiro elemento. O ponteiro de inclinação era um ímã suspenso de forma que pudesse oscilar para cima ou para baixo em resposta à atração do campo magnético da Terra. No polo magnético, cuja localização exata ainda era desconhecida naquela época, o ponteiro de inclinação deveria apontar direto para o interior da Terra. O explorador alemão veio a ser o primeiro ser humano a ver o ponteiro ficar paralelo ao solo, indicando que ele se encontrava sobre o equador magnético de nosso planeta. Esse momento ocorreu a 7 graus e 27 minutos de latitude sul e 81 graus e 8 minutos de longitude oeste, nos Andes peruanos, pouco mais de 3 mil metros acima do nível do mar.

Embora estivessem nos trópicos, naquela altitude era o frio, e não o calor, que atormentava a equipe exploratória. O granizo os fustigava quando cruzavam as planícies ermas. Obstinado, Humboldt insistia para que parassem e fizessem as medições magnéticas. Protegendo com todo cuidado os delicados instrumentos contra avarias causadas pelo clima, a cada leitura ele observava fascinado que o ponteiro aos poucos ia assumindo uma posição mais horizontal. Também constatou a primeira prova inequívoca de que a força da atração magnética da Terra diminuía à medida que ele se aproximava do equador magnético. Prosseguindo,

A CRUZADA MAGNÉTICA

descobriu que o equador magnético cruzava a linha do equador da Terra, no sentido sudoeste para nordeste.

Quando desceu até o seio da civilização, entre os campos de trigo de Cajamarca, Humboldt sabia que essas descobertas seriam recebidas com a máxima curiosidade pelos que se interessavam pela ciência na Europa. Ele tornou públicos os resultados alguns meses após sua volta em 1804, e resolveu continuar seus estudos sobre magnetismo. Em maio de 1806, alugou uma estufa de madeira nos arredores de Berlim e montou uma bússola de precisão. Dessa vez ele queria investigar o inexplicável movimento diurno e recuo noturno da declinação. Com a ajuda de um astrônomo, Humboldt fazia medições da declinação magnética a cada meia hora, registrando a forma bizarra como a declinação voltava ao seu ponto de partida, até que o surgimento do Sol ao romper do dia a fizesse deslocar-se novamente. Que estranho efeito estaria o Sol produzindo sobre a bússola?

Em 21 de dezembro de 1806, algo espantoso aconteceu. Os ponteiros magnéticos ficaram descontrolados, oscilando em ângulos extravagantes, como se um terremoto estivesse sacudindo o aparelho. Humboldt notou que, lá fora, a aurora estava iluminando o céu, confirmando as observações de Hoirter e Celsius feitas há mais de sessenta anos, segundo as quais os distúrbios magnéticos e a aurora andavam de mãos dadas. Impressionado com o caos invisível, Humboldt criou o termo *magne tischer Sturm* (tempestade magnética) para esses eventos.

Humboldt fez a última de suas 6 mil observações magnéticas em Berlim, em junho de 1807, antes de se transferir para Paris, para iniciar a gigantesca tarefa de preparar os dados colhidos na América do Sul para publicação. Ele sabia que isso levaria muito tempo, mas sua estimativa inicial de apenas dois anos acabou multiplicada por dez. O ritmo dos trabalhos avançava lentamente em parte devido ao enorme volume de informações que ele havia reunido e também porque ele se tornou um nome conhecido, quando vieram a público as histórias de suas privações e de sua bravura na selva. Se antes William Herschel havia sido o mais famoso cientista da Europa, o título agora era, inquestionavelmente, de Humboldt. Dizia-se mesmo que, com exceção do próprio Napoleão, não havia na Europa ninguém mais famoso do que Humboldt.

O rei Frederico Guilherme da Prússia o nomeou camareiro real, prometendo liberá-lo de todos os deveres, ante a relutância de Humboldt em aceitar o cargo. No entanto, com frequência cada vez maior, ele era chamado para vir de Paris e comparecer à corte em Berlim. Nessas ocasiões ele argumentava que só Paris oferecia as facilidades necessárias para seu trabalho. Na verdade, ele preferia o estilo de vida cosmopolita da capital francesa.

Porém, quando Carlos X subiu ao trono da França em 1824, uma onda de ultrarrealismo começou gradualmente a reprimir a sociedade livre-pensadora que Humboldt apreciava. As tensões políticas e militares entre a Prússia e a França eram grandes. Em 1827, Humboldt foi convocado não apenas a comparecer à corte prussiana, mas a retornar definitivamente. Frederico Guilherme lhe escreveu: "A esta altura, o senhor deve ter completado a publicação dos trabalhos que, a seu ver, só poderia ser executada em Paris. Portanto, não posso permitir que prolongue sua estada em um país que todo verdadeiro prussiano deveria odiar." Não podendo desobedecer às ordens reais, Humboldt voltou a Berlim, estabelecendo-se no que ele chamava de "atmosfera nebulosa" do domínio do rei. Para se abstrair dos interesses paroquiais da corte e do incessante vaivém entre os palácios de Berlim e de Potsdam, ele voltou-se novamente para o magnetismo. Havia algo que ele gostaria de saber sobre as tempestades magnéticas: seriam fenômenos localizados, como as chuvas, ou engolfavam o planeta inteiro? Humboldt percebeu que poderia se valer da fama conquistada e de sua posição na corte para descobrir.

Por essa mesma época vivia também na Alemanha, em Dessau, Heinrich Schwabe, um farmacêutico de 36 anos. Ele havia ganhado a loteria local em 1825, recebendo como prêmio um telescópio, que começou logo a utilizar, pois além de farmacologia e botânica havia estudado astronomia em Berlim. Ele era o mais velho de onze irmãos. Durante o dia, trabalhava na farmácia que havia pertencido a seu avô, vendendo poções e cataplasmas, para prover o sustento de sua mãe viúva e seus irmãos. À noite, explorava as maravilhas da esfera celeste, ficando cada vez mais atraído pelas descobertas astronômicas.

Menos de um ano depois de ganhar o telescópio, usou o dinheiro da família para encomendar a Joseph von Fraunhofer, de Munique, um instrumento melhor. Além disso, procurou o conselho de outros astrônomos sobre projetos interessantes. K. L. Harding, de Göttingen, sugeriu que ele se concentrasse nas volúveis manchas solares. Como incentivo adicional, Harding mencionou que a recompensa para tal investigação poderia ser a descoberta de um hipotético planeta entre a órbita de Mercúrio e o Sol.*

Em 30 de outubro de 1825, Schwabe apontou seu telescópio para o Sol e começou uma série de observações das manchas solares, que se estenderia pelos próximos 42 anos. Nos dias claros, ele anotava as posições e as descrições das manchas. O diário de suas observações apenas do primeiro ano experimental chegou a sessenta páginas.

No ano de 1829, provavelmente porque muitos de seus irmãos já fossem independentes, Schwabe vendeu a farmácia e passou a se dedicar em tempo integral à astronomia, mal sabendo que estava no caminho de uma importante descoberta, que haveria de colocar o estudo das manchas solares num curso de colisão direta com o estudo do magnetismo terrestre.

Para investigar a extensão das enigmáticas tempestades magnéticas, Alexander von Humboldt precisava de uma cadeia de estações ao redor do globo, cada uma equipada com instrumentos para medir

---
* Mercúrio não seguia a órbita que lhe fora determinada pela lei da gravidade de Newton. Muitos julgavam que outro planeta, ao qual foi dado o nome de Vulcano, devia estar sendo rebocado por ele pela força da gravidade. Muitas investigações foram realizadas, mas nenhum planeta jamais foi encontrado. A teoria da relatividade geral de Einstein finalmente veio explicar o movimento peculiar de Mercúrio.

o agitado campo magnético da Terra. Ele construiu a primeira em Berlim, alojada em uma cabana de madeira no jardim de Abraham Mendelssohn-Bartholdy, pai do famoso compositor. Em seguida, usou sua reputação para conseguir que leituras semelhantes fossem feitas em Paris e organizou uma conferência em Berlim, procurando convencer o recluso físico Carl Friedrich Gauss a participar. Gauss possuía um talento considerável, mas era conhecido por manter suas descobertas em segredo, compartilhando somente os frutos mais maduros de seu trabalho. Ele aceitava apenas poucos alunos e tratava a maioria de seus colegas com altiva arrogância. Os que formavam seu círculo mais íntimo debitavam essa falta de maneiras ao fato de ele jamais ter se recuperado da morte de sua primeira esposa, Johanna Osthoff, em 1809; ela tinha então apenas 29 anos, e ele, 32. Mas, se havia alguém que pudesse ajudar a entender a agitada natureza do campo magnético da Terra, esse alguém era Gauss.

Humboldt se desmanchou em atenções e, ao fim da conferência, havia persuadido Gauss a contribuir para o esforço pan-europeu. Este retornou a Göttingen e se pôs a desenvolver novos instrumentos. Começou até a trabalhar com um colega, Wilhelm Weber, nessa empreitada. Contar com a capacidade mental de Gauss a seu favor era um estratagema acadêmico, mas, se Humboldt quisesse ter êxito em seu projeto de uma rede global, teria que estendê-lo para além da Europa.* Para tanto, ele se valeu de sua posição na corte prussiana. Em uma bem-sucedida visita diplomática à Rússia em 1829, Humboldt chegou a um acordo para a construção de estações por toda a Sibéria, até o Alasca, na época ainda sob jurisdição russa. Em seguida, precisava obter a cooperação dos britânicos, com seu império mundial. Os Estados Unidos haviam declarado sua independência em 1776, mas o Império Britânico ainda possuía uma faixa da América do Norte, o território do Canadá. Cruzando o Atlântico, o Império se espalhava pela África e pelo subcontinente indiano até Cin-

---

* Após a morte de Gauss em 1855, seu cérebro foi preservado e estudado. Foi usado para promover a frenologia, uma ciência desacreditada que procurava atribuir os traços de personalidade ao desenvolvimento das diferentes áreas do cérebro. O de Gauss tinha algumas regiões mais pronunciadas, que foram consideradas as fontes de seu gênio.

A CRUZADA MAGNÉTICA

gapura, terminando no trio de massas terrestres antípodas: Austrália, Nova Zelândia e Terra de Van Diemen (Tasmânia).

Na Inglaterra, a curiosidade sobre o magnetismo terrestre estava em alta, com John Herschel perto do centro de interesse. A inegável coincidência entre tempestades magnéticas e auroras levou Herschel a acreditar que ambas seriam algum tipo de fenômeno meteorológico. Com instrumentos magnéticos cada vez mais sofisticados, que proporcionavam melhores janelas para esse mundo invisível, os colegas de Herschel concordaram que uma cadeia de novos observatórios era uma necessidade urgente.

A maioria julgava que as tempestades magnéticas deveriam ser o foco, em vista de sua natureza singular. Deixar passar uma era perdê-la para sempre. Só uma pessoa discordava disso. O coronel Edward Sabine havia sido enviado pela Royal Society para acompanhar a expedição de 1818 de John Ross, a fim de descobrir a Passagem Noroeste, e depois a grande expedição ao Ártico de William Edward Parry, em 1819-1820, em parte para efetuar investigações magnéticas. Ele era inflexível em seu ponto de vista, segundo o qual as variações dia a dia eram igualmente importantes, pois poderiam revelar o estado latente do campo magnético da Terra.

Sabine era um homem perspicaz, com um senso inato para a política, e começou a fazer campanha junto ao Almirantado e também à Royal Society em favor de uma grande viagem de descobertas físicas no hemisfério meridional. Ele ressaltou que ninguém havia feito leituras magnéticas nos grandes oceanos do sul. Apesar de John Ross e seu sobrinho James Clark Ross terem descoberto pouco tempo antes a localização do polo norte magnético, ninguém tinha qualquer ideia da localização de seu correspondente no sul. Mesmo fazendo reparos à questão de tempestades versus medições diárias, Herschel apoiou a proposta de Sabine, mas, antes que eles pudessem capitalizar seu ímpeto crescente, uma divisão na comunidade científica britânica os colocou em campos opostos.

Corria o ano de 1831. John estava casado, com dois filhos, e era o presidente da Royal Astronomical Society, que há pouco havia sido agraciada com uma carta régia pelo rei Guilherme IV. John também

74 OS REIS DO SOL

havia recebido o título de Sir por seus serviços em prol da ciência, uma honraria que seu pai tivera que esperar até os 80 anos para conquistar. Mas, aos 39 anos e cheio de ânimo, ele almejava mais. Como ativista que sempre fora, ele e outros consideravam a Royal Society ultrapassada e conceberam um plano para reformá-la por dentro. O primeiro passo foi propor John para a presidência, o que foi devidamente feito por um dos dissidentes. O oponente de John era Sua Alteza Real, o duque de Sussex. No embate que se seguiu, os membros da Royal Society se dividiram entre as linhas da tradição e da reforma. Sabine ficou com os tradicionalistas. Na votação final, John perdeu por pequena margem.

Alguns dos reformistas derrotados fundaram a Associação Britânica para o Progresso da Ciência (British Association for the Advancement of Science — BAAS), em franca oposição à Royal Society.* A Associação costumava reunir-se anualmente em diferentes cidades do interior, para que as conquistas mais recentes das ciências pudessem ser apresentadas e discutidas longe do sufocante elitismo de Londres. Sabine menosprezou a nova organização; Herschel deu seu apoio, mas, constrangido pela derrota na Royal Society, começou a se preparar para deixar a Inglaterra. Seu plano era estabelecer-se na África do Sul para realizar as primeiras varreduras astronômicas dos céus meridionais. Dessa forma, poderia levar a obra de seu falecido pai a uma conclusão gloriosa. Com a morte de sua mãe, John acelerou seus planos e, em 13 de novembro de 1833, embarcou com a esposa, os filhos (três a essa altura) e seu telescópio de 20 pés em um navio que zarpou de Portsmouth com destino ao cabo da Boa Esperança.

Com John Herschel fora do país e muitos potenciais aliados trabalhando na BAAS, Sabine ficou isolado. Na Alemanha, Gauss anunciou uma novidade. Ele havia conseguido desenvolver instrumentos magnéticos mais precisos e estava montando sua própria rede de observatórios

---

* Para considerações mais completas sobre a formação da BAAS, consultar o livro de Roy M. MacLeod e Peter Collins, de 1981, *The Parliament of Science: The British Association for the Advancement of Science, 1831-1981*, publicado por Science Reviews Ltd.

A CRUZADA MAGNÉTICA   75

magnéticos que cobriam todo o país. Cientistas noruegueses e franceses também estavam se mostrando cada vez mais ativos. O parlamento da Noruega havia mesmo concedido fundos para uma expedição geomagnética, preterindo um pedido da Coroa de recursos para a construção de um novo palácio.

Na reunião de 1834 da BAAS em Edimburgo, os cientistas externaram sua indignação pela aparente hesitação do governo britânico em financiar as pesquisas magnéticas. Eles formaram uma subcomissão encarregada de persuadir o Parlamento a instalar equipamento magnético em todo o Império Britânico. Observando de fora, Sabine percebeu que isso poderia preterir sua planejada viagem de exploração. Em rápida jogada política, ele se filiou à BAAS e conseguiu um lugar na comissão.

Uma vez lá, ele começou a maquinar a inclusão de sua viagem ao sul no conceito dos observatórios coloniais. Como resultado, o escopo do projeto foi se ampliando e Sabine acabou assumindo a supervisão do maior empreendimento científico que o mundo já havia visto. Ele conseguiu fazer com que o corpo de Engenheiros Reais se interessasse por operar os observatórios, argumentando que as bússolas eram tão úteis em ações militares quanto na navegação, e, na reunião de 1837 da BAAS, ele atiçou o fogo patriótico em todos os que se dispuseram a ouvi-lo. A Grã-Bretanha iria permitir que sua outrora notória liderança fosse ultrapassada pelos alemães ou franceses, por causa de uma combinação de indiferença e mesquinharias a respeito de custos?

Esse arrebatamento público de Sabine foi tão somente para favorecer suas ambições. Em particular, ele mantinha um conluio com Humboldt sobre a melhor maneira de completar uma rede que trouxesse vantagens para ambos. Com uma mão, Sabine atirava seus argumentos para agitar o público na BAAS; com a outra, dava um jeito de fazer as requisições formais de Humboldt para obter ajuda britânica aparecerem em ocasiões estratégicas sobre a mesa do presidente da Royal Society, o duque de Sussex.

Graças à sua corajosa luta em favor de uma cruzada sustentada por anos a fio para estudar o magnetismo, o governo aos poucos foi avançando para um entendimento. Sabine só precisava de alguém importante para opor a chancela final de aprovação. Essa pessoa voltou à Inglaterra em 11 de maio de 1838.

Passados cinco anos, John Herschel retornava com sua prole aumentada para seis filhos, aos quais ele se referia como "os Pequenos Corpos". Suas realizações no Cabo fizeram até o levantamento anterior de seu pai parecer insuficiente. As notícias sobre a descoberta de quase 5 mil novas estrelas duplas, nebulosas e aglomerados de estrelas o precederam, e, para onde quer que fosse, John se via tratado com a mais alta consideração. Suas conquistas no sul apagaram para sempre o constrangimento de seu fracassado lance na Royal Society. Um membro eminente, o geólogo Charles Lyell, escreveu com ironia: "Imagine-se trocar Herschel no Cabo por Herschel como presidente da Royal Society. ... Eu também votei nele! Espero ser perdoado por isso." Apenas seis semanas após seu regresso, Herschel recebeu o título de baronete, concedido pela rainha Vitória por ocasião de sua coroação.

A BAAS solicitou que ele falasse a favor da cruzada magnética na reunião daquele ano, em Newcastle. Herschel concordou, mas introduziu seu próprio interesse, insistindo que a função dos observatórios fosse estendida também para os estudos meteorológicos, pois tanto a pressão como a temperatura do ar podiam afetar as leituras das bússolas.

Depois do sucesso público da reunião de Newcastle, Herschel levantou o assunto em particular, durante um jantar com a rainha e o primeiro-ministro, lorde Melbourne. Sabine continuou a discutir os aspectos práticos com seus contatos no Almirantado, e finalmente, em 11 de março de 1839, a expedição à Antártida foi autorizada. No ano seguinte, estações magnéticas foram instaladas em Greenwich (Inglaterra); Dublin (Irlanda); Toronto (Canadá); Santa Helena no Atlântico Sul; no cabo da Boa Esperança (África do Sul); na Tasmânia; em Madras, Simla e Bombaim na Índia; e Cingapura. Cada uma delas teria uma verba de £2.000 anuais, durante três anos.

Começava assim a cruzada magnética.

4

No compasso do Sol,
1839-1852

Na véspera do ano novo de 1839, John Herschel solenemente reuniu sua esposa e a família (aumentada com o recente nascimento de mais uma criança), mais a governanta, no jardim da casa de Slough. O motivo era o enterro simbólico do maior telescópio de seu pai, o de quarenta pés. Com a conclusão do catálogo do céu meridional, John considerava cumprida a promessa que fizera de completar a obra de William Herschel. As longas noites sob o firmamento africano o haviam deixado com reumatismo, e ele estava ansioso por abandonar as observações astronômicas para dedicar-se às recém-inventadas técnicas de fotografia.

Ele conduziu o grupo para o interior do tubo do telescópio de 1,8 metro de largura, agora deitado sobre a relva, e os regeu em um réquiem de oito versos que havia composto em honra do instrumento. A seguir, foram contratados operários para vedar o tubo e desmontar a grande estrutura de madeira que servira para sustentá-lo e também como trepa-trepa na infância de John.

Na Inglaterra, e na verdade por toda Europa, a teoria aceita a respeito do Sol ainda era a esposada por William Herschel, há mais de trinta anos. John providenciou isso publicando a teoria de seu pai no livro *Treatise on Astronomy* [Tratado de astronomia], que subsequentemente ele atualizou em 1849, sob o novo título de *Outlines of Astronomy*

[Resumos de astronomia]. Mesmo tendo mudado a redação para a linguagem científica da época e prudentemente omitido todas as referências aos habitantes do Sol, lá estava em essência a teoria solar de William Herschel: a superfície visível era uma grande atmosfera envolvendo um corpo planetário sólido. O que William havia descrito como algo que lembrava uma casca de laranja John interpretou como sinais atmosféricos flocosos, que se supunha fossem nuvens luminosas entremeadas por um gás transparente. E prosseguiu descrevendo as manchas solares como brechas, possivelmente tornados, que permitiam a visão da escura superfície do Sol mais abaixo.

A bem da verdade, ele não reaproveitou todo o texto de seu pai; John havia desenvolvido um método para medir a força da luz solar, algo que William havia apenas sonhado. A impossibilidade de fazer tais medidas três décadas antes o havia levado a usar o preço do trigo como substituto para a emissão de calor do Sol. Naquela ocasião, ele havia escrito a respeito da necessidade de algum dispositivo capaz de medir uma quantidade absoluta de luz, como se fazia, por exemplo, com uma balança, colocando em um prato alguns pesos marcados e, no outro, uma peça de carne.

John inventou tal dispositivo e lhe deu o nome de actinômetro. Era basicamente um bulbo com água exposto à luz solar por um tempo determinado, após o qual se media a temperatura da água, utilizando-se a elevação para calcular a energia recebida do Sol. Podia ser usado para comparações diárias, mas não levava em conta mudanças nas condições atmosféricas, tais como a cobertura de nuvens. Durante sua estada no cabo da Boa Esperança, ele costumava fazer leituras regulares com o actinômetro. Também realizou algumas experiências um pouco mais excêntricas, como no dia em que colocou um ovo cru em uma tigela de estanho, cobrindo-a com uma placa de vidro. Voltando com a esposa e os seis filhos algum tempo depois, retirou o ovo cozido, chegando a queimar os dedos ao fazê-lo. Com toda a cerimônia, cortou o ovo em pedaços e os distribuiu entre todos, e eles puderam dizer que haviam comido um ovo duro, cozido pelo sol sul-africano. Devidamente impressionado com seu recém-descoberto talento culinário, na semana seguinte

NO COMPASSO DO SOL 79

cozinhou uma peça de carneiro com batatas da mesma maneira. "Ficou bem-passada, e muito gostosa", registrou em seu diário. *Treatise on Astronomy* e *Outlines of Astronomy* tiveram, ambos, enorme sucesso. Herschel fez duas revisões do segundo, que se tornou provavelmente o mais influente texto de astronomia do século XIX, e com certeza um texto básico para os estudantes. Um dos jovens que deve ter sido bastante influenciado pelo livro foi Richard Carrington, o homem destinado a testemunhar a erupção solar de 1859. Filho de um cervejeiro de Brentford, Middlesex, Carrington entrou para o Trinity College, Cambridge, para estudar matemática em 1844. Seu pai o vinha preparando para a carreira eclesiástica, chegando a mandá-lo morar com um clérigo chamado Blogard. No entanto, a paixão de Carrington era pela tecnologia mecânica e, uma vez em Cambridge, seguiu sua aptidão natural, aprendendo a usar instrumentos científicos para traduzir a natureza em números. A lógica da matemática poderia, assim, proporcionar uma nova concepção do mundo real. Esse conceito foi confirmado de modo dramático quando, estando Carrington no início de seu terceiro ano, se deu a descoberta de Netuno. O extraordinário foi que o novo planeta não havia sido localizado através de um telescópio, mas com papel, caneta e matemática.

Os astrônomos haviam seguido a pista de Urano por mais de cinquenta anos. Em todas as oportunidades, o planeta rebelde os havia confundido, desviando-se de sua órbita prevista. Eles raciocinaram que um outro planeta igualmente poderoso deveria estar por perto, atraindo-o com sua gravidade para fora de seu curso. Tanto na Inglaterra como na França, astrônomos passaram a tentar calcular a posição desse mundo invisível. Na Inglaterra, John Couch Adams, um retraído e sobrecarregado professor adjunto do St. Johns College, Cambridge, aceitou o desafio. Seu equivalente no Observatório de Paris era o despótico Urbain Le Verrier, que certa vez mereceu a seguinte observação: "Não sei se M. Le Verrier é realmente o homem mais detestável da França, mas tenho absoluta certeza de que é o mais detestado."

Ambos se atracaram com os números até deduzirem a localização do presumido oitavo planeta. Adams enviou sua previsão para o Observa-

80 OS REIS DO SOL

tório Real de Greenwich. Ela foi devolvida a Cambridge, tornando-se objeto de uma investigação infrutífera por parte do diretor do observatório da universidade, professor James Challis.

Le Verrier, ao contrário, publicou suas deduções e, subsequentemente, escreveu a Johann Gottfried Galle, do Observatório de Berlim. Por acaso, o alemão tinha um mapa estelar, recém-concluído, daquela parte do céu onde Le Verrier pensava que o planeta estivesse. Galle começou a procurar na mesma noite. Olhando através da ocular, ele ia ditando as posições das estrelas, e seu aluno, Heinrich Lugwig d'Arrest, conferia nos mapas. Menos de uma hora depois de começarem, Galle descreveu uma estrela fraca. "Esta não aparece no mapa", exclamou d'Arrest. Eles haviam encontrado Netuno, quase exatamente onde Le Verrier havia calculado.

A descoberta causou ao mesmo tempo sensação e escândalo. Foi sensacional porque a matemática havia dotado os astrônomos de presciência científica. Netuno havia sido descoberto não em um observatório, mas no papel; o telescópio apenas confirmara a validade dos cálculos matemáticos. A partir daí, as discussões se dariam apenas com base em fatos matematicamente mensuráveis. O escândalo foi que os astrônomos ingleses poderiam ter sido os primeiros.

Uma nova análise dos registros das observações de Cambridge mostrou que Challis havia encontrado Netuno usando a previsão de Couch Adams, mas o havia tomado por uma estrela. Embora tivessem sido outros os responsáveis pela falha, Challis acabou sendo o bode expiatório. Seu profissionalismo foi posto em dúvida e ele foi publicamente humilhado por seu erro. A despeito disso, Richard Carrington conheceu uma faceta diferente do professor caído em desgraça, que continuou como orador cativante. Foi ouvindo as palestras de Challis que Carrington resolveu se dedicar à astronomia, em lugar de seguir a carreira religiosa. Carrington escreveu que estava "mais naturalmente moldado para o estudo de alguma ciência física envolvendo observação e engenhosidade mecânica do que para a propagação das doutrinas de uma instituição pela qual sempre tive pouca simpatia, por mais que aprecie os indivíduos que a ela pertencem". Surpreen-

NO COMPASSO DO SOL 81

dentemente, talvez dada a educação que Carrington havia recebido, seu pai aprovou essa mudança de rumo.

Após graduar-se em 1848, o jovem traçou seus planos. Sua ambição era ter o seu próprio observatório de primeira classe, com telescópios solidamente montados e uma parte ótica da melhor qualidade, relógios que marcassem o tempo com exatidão e equipamento auxiliar de precisão capaz de medir as posições e dimensões dos objetos astronômicos. Com uma parte dos recursos da família à sua disposição, Carrington poderia ter começado logo a construí-lo, mas ele acreditava que sua relativa inexperiência o levaria a "despesas excessivas e impensadas". Assim, tratou primeiro de conseguir um emprego em algum observatório existente, para aprender tudo o que pudesse antes de montar o seu.

A tarefa não foi fácil; as Universidades de Cambridge e Oxford possuíam seus observatórios, mas não havia vagas neles. No Observatório Real de Greenwich também todos os postos estavam ocupados. Por sorte, a Universidade de Durham havia inaugurado um observatório uma década antes e estava na ocasião precisando de um novo observador. Carrington se candidatou e tornou-se o quarto a ocupar o posto.

O observatório de Durham compreendia uma série de cúpulas financiadas por doações particulares; elas continham telescópios e outros equipamentos que haviam sido inesperadamente postos à venda por um astrônomo amador, que não tinha mais uso para eles. O reverendo Temple Chevalier, professor de matemática em Durham, administrava a operação do observatório e acreditava que no estudo da astronomia seria encontrada a prova da sabedoria divina. É de se presumir que Carrington não tenha exposto suas próprias opiniões sobre religião durante a entrevista.

As acomodações de Carrington se situavam no próprio observatório, e ele tirava o melhor proveito dessa proximidade, aprendendo depressa a arte da observação telescópica. Noite após noite, ele apontava os telescópios para o céu. Calculava principalmente as órbitas de asteroides e cometas, enchendo folhas e mais folhas de papel com seus fatores de correção e cálculos matemáticos. Verificou que o relógio ficava muito longe dos telescópios para que ele pudesse ouvir direito o tique-taque do escapo; como precisasse disso para cronometrar suas observações, instalou, perto da ocular, um tubo auditivo para conduzir o som até ele. Também não estava satisfeito com a medida estabelecida para a longitude de Durham, um dado essencial para converter as leituras obtidas em suas observações em posições precisas. Considera-se a linha de longitude zero a que vai do polo norte ao polo sul, passando pelo Observatório de Greenwich, e que conhecemos como primeiro meridiano ou meridiano de origem, embora só em 1884 viesse a ser internacionalmente aceito como tal. O observatório de Durham fica perto, porém não exatamente sobre esse meridiano, de modo que um fator de correção deve ser aplicado para que as leituras do telescópio correspondam às de Greenwich. Carrington duvidava do fator de correção estimado e concebeu uma forma de medir com exatidão a longitude de Durham.

Ele conseguiu três relógios embutidos em molduras rígidas e acertou cada um deles para meio-dia, considerando o momento em que o sol alcançava sua posição mais alta no céu de Durham. Em Greenwich, os relógios seriam acertados da mesma forma, porém, como os observatórios ficavam em longitudes ligeiramente diferentes, haveria uma defasagem de alguns minutos. Para calcular a longitude de Durham, Carrington só precisava comparar a hora marcada nos relógios de seu observatório com a de Greenwich. Isso significava ter de fazer uma viagem com os relógios. Embarcou com eles em um trem e não tirou os olhos deles até Londres. Os relógios haviam sido projetados para resistir até em mar encapelado, mas Carrington tomou muito cuidado para evitar solavancos. Chegando a Londres, alugou uma carruagem com molas e preferiu um caminho alternativo para Greenwich, evitando as piores ruas calçadas com pedras. Ao chegar, verificou que os cronômetros de Greenwich estavam 6 minutos e 19 segundos à frente, permitindo-lhe calcular que o observatório em Durham ficava a cerca de 110 quilômetros a oeste do primeiro meridiano.

Havia ainda outros problemas que ele não conseguiu resolver tão facilmente. Ao comparar suas observações de asteroides com as feitas pelo pessoal de Oxford e Cambridge, descobriu que perdia de vista os objetos mais pálidos muito antes que seus colegas. Isso o deixava frustrado, e

NO COMPASSO DO SOL 83

ele atribuía o fato à qualidade inferior dos telescópios de que dispunha. Não obstante, Carrington estava tendo um crescimento meteórico nos círculos astronômicos. Suas observações eram publicadas regularmente nas páginas de *Monthly Notices of the Royal Astronomical Society*, bem como em *Astronomische Nachrichten*, e ele se tornou membro da Royal Astronomical Society.

Junto com suas observações noturnas, ele começou a examinar o Sol. Mapeou as posições das manchas solares e se familiarizou com as várias formas que elas podiam assumir. Também começou a preparar-se para uma expedição para assistir ao eclipse total do Sol de 1851. A perspectiva devia ser excitante. Os eclipses totais eram considerados eventos muito valiosos, pois revelavam a fantasmagórica atmosfera exterior do Sol. Esse tênue véu normalmente era ofuscado pelo fulgor solar, e os astrônomos aproveitavam os poucos minutos que um eclipse total lhes proporcionava para apreciar sua estranha beleza. E aquele em especial, por sorte, seria visível ali perto, na Suécia.

Em 19 de julho, Carrington partiu no navio *Steampacket*, rumo a Gotemburgo, na Suécia. Ali, reuniu-se a G. P. Bond, um astrônomo do Harvard College Observatory de Cambridge, Massachusetts, e tomaram o vapor para a aldeia de Lilla Edet. Chegaram três dias antes do eclipse e começaram a fazer o reconhecimento dos locais. Na manhã do evento, ficaram desapontados ao ver o céu nublado, com uma chuvinha fina, e decidiram separar-se, na esperança de dobrar as chances de ao menos um deles conseguir ver o eclipse. Bond ficou perto da aldeia, e Carrington se dirigiu para um afloramento rochoso a cerca de 3 quilômetros de distância, perto do canal local que ele havia notado durante sua exploração da véspera.

A despeito do tempo ruim, Carrington se posicionou e começou seus preparativos. A tarefa despertou o interesse do administrador do canal, que, tomando conhecimento do que estava para acontecer dentro de três horas, rapidamente destacou alguns de seus trabalhadores para ajudar na montagem da tenda e do equipamento de observação. Enquanto eles se empenhavam nessa tarefa, o tempo começou a mudar e, quando o momento determinado chegou, tudo estava pronto, e o céu estava claro.

84   OS REIS DO SOL

Carrington colou o olho direito ao telescópio e observou a Lua começando a obstruir o disco do Sol. Ele desenhou as posições e aparências das manchas solares nos sessenta minutos que a Lua levou para deslizar completamente na frente do Sol. Tudo parecia normal até os últimos cinco minutos, quando um estranho crepúsculo avançou sobre a Terra. Não era o brilho rosado do anoitecer, mas uma perturbadora luz cinzenta. De repente ficou frio e então, num piscar de olhos, toda a luz do Sol se extinguiu e sua coroa etérea se revelou bruxuleante. Estendendo-se para fora havia raias pálidas, que deviam se espalhar por muitas vezes o diâmetro do Sol. Carrington tinha apenas alguns minutos para desenhar seu aspecto.

Mais perto da silhueta escura da Lua, Carrington viu quatro línguas de uma chama rosada elevando-se em espirais da superfície encoberta do Sol. Elas pareciam estar suspensas, imóveis. Ele passou a observar com o outro olho para se certificar de que as formações eram reais e não o produto de algum problema com seu olho direito. Obviamente, as chamas continuaram lá. Ele desenhou a cena até o retorno do brilho do Sol, apenas alguns minutos depois, quando a sombra da Lua se afastou. Carrington saiu apressado para encontrar outros observadores e comparar as anotações. Ele as colheu por escrito e traduziu com a ajuda de um dicionário sueco, que descreveu como "muito deficiente". A despeito da qualidade da tradução, outros confirmaram que também haviam visto as línguas de fogo rosadas.*

Carrington se perguntava o que poderia causar tais erupções. Sua única pista era que elas haviam aparecido alinhadas com as manchas solares — haveria alguma conexão entre ambas? Com a mente tomada por esses pensamentos intrigantes, ele voltou a Durham e encontrou uma tarefa especial à sua espera.

Impressionados com sua capacidade, o diretor e o conselho responsável pelo observatório pediram-lhe para fazer um relatório sobre o estado das instalações. Carrington não ocultou nada. Reprovou quase todos os

---

* Essa não foi a primeira vez em que tais protuberâncias foram observadas. Birger Wassenius viu algumas no eclipse de 1733, por coincidência nas proximidades de Gotemburgo.

NO COMPASSO DO SOL 85

aspectos do observatório e de sua administração, começando por criticar a forma como havia sido criado. "Na montagem de um observatório, é preciso primeiro decidir o tipo de observações que se pretende fazer, para depois obter os instrumentos necessários — e não providenciar instalações físicas e equipamento, e só depois procurar saber quais serão suas aplicações", ele escreveu.

Quanto ao equipamento, o telescópio de emprego geral, um instrumento de 7 pés de comprimento, obra de Fraunhofer, um dos mais famosos fabricantes do mundo, "não fazia jus à reputação de seu construtor". O suporte, embora Carrington o tivesse reforçado com estacas de madeira, apresentava mais "a natureza de um manjar-branco do que de uma rocha". O círculo de trânsito [*transit circle*], o telescópio usado para determinar o tempo em que as estrelas alcançavam sua maior altitude, não inspirava confiança e por vezes mostrava anéis em torno das estrelas e "pequenas companheiras fictícias", indicando que havia luz penetrando no tubo de alguma forma.

De acordo com Carrington, a maior parte do equipamento devia ser descartada, "mesmo com prejuízo". Ele havia feito tudo ao seu alcance para melhorar a situação, valendo-se da caixa para pequenas despesas e de inventividade, mas já era tempo para um investimento substancial em equipamento mais moderno. Ele ofereceu ao conselho uma doação de £50 e mais £1.000 dos recursos de sua família para executar a renovação. A quantia maior seria na modalidade de hipoteca, a ser restituída a Carrington em dez anos, a "uma taxa de juros moderada".

O jovem observador de 25 anos escreveu à parte ao arcediago Thorpe, presidente do conselho, declarando que sua reputação ascendente não lhe permitiria trabalhar com instrumentos tão inferiores por muito mais tempo. Ademais, por sua posição pessoal como cavalheiro com independência financeira, não se mostrava disposto a continuar atuando como subordinado, e não conseguia mais trabalhar com o reverendo Chevallier em bases cordiais. Ou o posto de observador deveria ser removido da esfera da cátedra de matemática e equipado com melhores telescópios ou, advertia Carrington, ele seria forçado a demitir-se e montar o seu próprio observatório particular.

Em novembro, o conselho chamou Carrington à sua presença para a discussão de seu relatório, e uma segunda vez três semanas depois. Depois da primeira reunião ele achou que havia uma disposição de suas ideias serem acolhidas, mas as propostas concretas que lhe foram feitas na segunda entrevista ficaram muito aquém de suas expectativas. Ele as considerou indignas e entregou sua carta de demissão. Em 1852, finalmente deixou Durham e iniciou a procura cuidadosa de um local para montar seu próprio observatório.

Quase ao mesmo tempo em que se iniciava a cruzada magnética do coronel Sabine, o grupo de cientistas por trás da empreitada começou a se fragmentar. A principal função de Sabine havia sido supervisionar a viagem ao sul, mas agora, com o moral em baixa, ele usou suas conexões militares para controlar também a organização dos observatórios em terra. Reuniu um corpo de matemáticos, conhecidos como computadores, no Arsenal de Woolwich em Londres, e passou a coletar vorazmente os dados das várias estações espalhadas pelo globo. E também tentou uma aproximação com o Observatório Real de Greenwich, a base do temível Astrônomo Real, George Biddel Airy.

Enquanto fazia lobby pela realização da cruzada magnética, Sabine havia estimulado Humboldt a escrever uma série de cartas para a Royal Society; estas eram mais do que meras notas, eram dossiês mostrando por que as pesquisas magnéticas eram importantes e como se poderia chegar a uma rede global. A Royal Society pediu a Airy para examinar minuciosamente as propostas. Ele concordou que tais observações eram necessárias, mas desaprovou a escala da rede britânica sugerida. E contra-argumentou que tais observações se enquadravam nas atribuições do rei Carlos II, de 1675, para Greenwich, que visavam o desenvolvimento da navegação. Airy, portanto, enviou uma proposta modesta em 1837, dois anos antes do início das cruzadas, para o estabelecimento de um observatório magnético em Greenwich. Ele se propôs a trabalhar

NO COMPASSO DO SOl 87

voluntariamente como superintendente do projeto, mas precisava de mais gente para operar os instrumentos.

Airy acreditava em eficiência acima de tudo e, por isso mesmo, organizou sua equipe até o último detalhe. Quando precisou de elementos para participar de uma experiência para medir o campo gravitacional da Terra a partir de Harton Colliery, no condado de Durham, traçou planos minuciosos para a viagem, incluindo os trens que deveriam tomar e onde fazer baldeação, para não se perderem. Incluiu até sabão e toalhas com os instrumentos científicos, para que não se descuidassem da higiene pessoal, quando estivessem longe de seus olhos.

Ele argumentou que o manejo dos novos instrumentos magnéticos exigiria uma equipe bem maior. O governo não concordou, concedendo-lhe apenas a verba necessária para construir um pavilhão de madeira e comprar o equipamento necessário para que Greenwich pudesse começar a fornecer resultados para Humboldt e Gauss na Alemanha. O pavilhão tinha a forma de cruz e se apoiava sobre fundações de concreto; era todo feito de madeira pregada com cavilhas de bambu, para eliminar a influência magnética que os pregos pudessem trazer. Foi concluído em 1840, e as leituras começaram. Na maioria dos dias, eram feitas a cada duas horas, mas havia também "dias de função" especial, decretados por Humboldt, quando as medidas tinham que ser tomadas de cinco em cinco minutos, a fim de proporcionar um perfil quase contínuo do comportamento magnético da Terra.

Como Airy temia, a adaptação para fazer as leituras magnéticas logo tornou-se uma sobrecarga para sua equipe. Ao saber disso, Sabine se adiantou para oferecer ajuda. Exasperado com a ânsia do coronel por informações, Airy recusou.

Não conseguindo estender seu domínio sobre Greenwich, Sabine vislumbrou uma oportunidade de ofuscar sua autoridade. O observatório do rei George III em Kew estava ocioso. Sabine fez uma proposta para usá-lo como laboratório central de física e meteorologia, totalmente independente de Greenwich. Airy se sentiu ofendido e, esquecendo a tensão causada pelas leituras magnéticas sobre seu pessoal, argumentou que o sucesso do novo pavilhão magnético provava que Greenwich podia ser ampliado para cumprir qualquer função que um presumível laboratório nacional de física exigisse. A Royal Society discutiu a respeito do plano de Sabine, mas, a conselho de John Herschel, que também estava ficando farto do voraz apetite de Sabine por novos estabelecimentos, rejeitou a oportunidade de transformar Kew.

Como não era homem de ser passado para trás por muito tempo, Sabine procurou a florescente BAAS (British Association for the Advancement of Science) com a mesma proposta e lá encontrou uma reação bem mais calorosa. A Associação adquiriu Kew em 1842, e Sabine começou a transformar o lugar no centro britânico de pesquisas geofísicas. Conseguiu também mais seis anos de financiamento para os observatórios magnéticos em terras do Império.

No início da década de 1850, ele estava nadando em números. Sua equipe coletava, tabulava e registrava em gráficos todas as permutações imagináveis. Herschel considerava o empenho obsessivo, chamando-o de *"chartism"* (mania de gráficos). No entanto, estava dando frutos. Uma das tabelas de Sabine registrava o número de tempestades magnéticas que ocorriam a cada ano; outra, a variação diária média do ponteiro da bússola. Ambas oscilavam de forma semelhante, o que significava que os anos com o maior número de tempestades magnéticas eram também os que registravam a maior variação diária nos três componentes magnéticos. Porém, o fato verdadeiramente assombroso é que Sabine estava prestes a ver essa forma de gráfico de novo — e não em dados magnéticos.

A esposa de Sabine estava traduzindo a grandiosa obra de Humboldt, *Cosmos*. Tratava-se do sumário do trabalho de toda vida do naturalista alemão, que reunia o maior número possível de informações sobre a Terra e seu lugar no universo. Nas páginas do terceiro volume, ele chamava a atenção para uma série de observações de manchas solares, à qual não fora dada muita importância, mas que mostrava algo surpreendente.

Heinrich Schwabe, o farmacêutico de Dessau que se tornou astrônomo, vinha fazendo observações no observatório improvisado em seu sótão todos os dias de céu limpo desde 1825 e contando as manchas solares. Em certos anos havia tantas que ele se confundia na tentativa de registrá-las todas. Fora assim em 1828, pouco depois de ele ter começado a fazer os registros, e de novo em 1837. No intervalo entre esses anos, o número de manchas primeiro havia caído e em seguida voltara a crescer. Em 1843, ele havia reunido dados suficientes para verificar que o padrão se repetia.

Ele concluiu que a quantidade de manchas solares aumentava e diminuía ao longo de um ciclo aproximado de uma década. E previu que o próximo ápice ocorreria por volta de 1849, seguido por um mínimo cerca de cinco anos depois. Ele publicou essas ideias na revista astronômica alemã *Astronomische Nachrichten*. Nos anos subsequentes, publicou sua contagem anual do número de manchas solares, demonstrando gradualmente que sua previsão estava se confirmando.

Esse foi um grande salto à frente. Até então as manchas haviam se mantido obstinadamente imprevisíveis. Um padrão repetido poderia ser exatamente o necessário para se compreender sua origem, mas ninguém parecia reconhecer a importância dos resultados, a não ser Humboldt. Ele publicou a tabela de Schwabe, com todas as atualizações até 1850, em *Cosmos*, assegurando assim que ela tivesse ampla divulgação.

Ao ver a tabela, Sabine imediatamente reconheceu o padrão básico. Comparou a variação do número de manchas solares à das tempestades magnéticas e verificou que marchavam no mesmo passo. Comparou o ciclo solar às variações médias diárias nos componentes magnéticos. Estes também estavam de certa forma em sintonia. Deve ter sido uma constatação desconcertante. Quando o número de manchas solares era alto, as perturbações das agulhas das bússolas na Terra eram maiores, assim como as chances de ocorrer uma tempestade magnética em nosso planeta.

Quando a esposa de Sabine enviou sua tradução para os editores, ele se apressou em alertar a Royal Society sobre a conexão entre manchas solares e tempestades magnéticas. Imediatamente escreveu e enviou um artigo sobre o assunto. Enquanto esperava que o artigo passasse pelo processo de avaliação da Royal Society, antes de ser lido em uma reunião, ele recebeu uma carta de John Herschel. Esquecidas as querelas passadas com Sabine, Herschel havia acabado de receber um exemplar de *Cosmos* e tinha visto a referência de Humboldt às manchas solares. Admitindo

90 OS REIS DO SOL

que isso era novidade para ele, considerou o assunto extremamente curioso e perguntou: "O que será que determina uma periodicidade desse tipo no Sol?"

Sabine mal podia se conter. Respondeu pela volta do correio, dizendo: "Com referência ao período de dez anos de Schwabe, com o mínimo em 1843 e o máximo em 1848, acontece que por uma curiosa coincidência (se for mesmo apenas uma *coincidência*), obteve exatamente os mesmos anos." E descreveu a seguir seus dados magnéticos com variações semelhantes.

Herschel ficou empolgado pela importância da correlação de Schwabe e Sabine. A Terra estava claramente sob o domínio de alguma força extraterrestre, provavelmente magnética e provavelmente originária do Sol. Isso significava que o Sol era um ímã? Seriam as manchas solares causadas pelo magnetismo? Se assim fosse, como eles poderiam prová-lo? De que forma aquele mesmo magnetismo percorria o espaço para alcançar a Terra?

Herschel escreveu a Michael Faraday, o celebrado cientista que estava investigando as conexões entre eletricidade e magnetismo, dizendo: "Estamos a um passo de uma descoberta cósmica tão imensa que nada imaginado até hoje pode se comparar a ela."

5

Observatório noturno e diurno,
1852-1858

A busca de Carrington por um local para construir o observatório de seus sonhos levou três meses. Em junho de 1852, ele escolheu Furze Hill, um terreno para arrendamento em uma propriedade rural em Surrey. A conurbação que ficava mais perto era Redhill, onde havia uma estação da ferrovia Londres-Brighton, proporcionando fácil acesso à capital.

Com financiamento da cervejaria da família, ele contratou construtores para começar a obra imediatamente. Ali seria não só seu observatório, mas também sua residência. Ele supervisionou a construção de uma mansão de três andares com janelas salientes e telhado alto. A casa ficava de frente para o sul e, na parte leste, foi construída a ala do observatório. Este tinha a mesma largura da casa e possuía uma cúpula alta em sua extremidade. No final de julho, o trabalho de construção estava em grande parte concluído e Carrington começou a equipar o observatório. Encomendou a última palavra em telescópio, com a melhor lente existente, de 11,5 cm de diâmetro, feito à mão por Troughton e Simms, que estavam entre os melhores construtores de telescópios da Inglaterra. Era um telescópio "equatorial", assim chamado porque podia girar em paralelo ao equador da Terra, bem como para cima e para baixo. Dessa forma, podia apontar para qualquer ponto do céu noturno. Ele ficaria instalado sob a cúpula.

No centro do telhado da ala de observação havia uma abertura provida de persiana, como se algum gigante tivesse arrancado um pedaço da construção. Ali ficaria alojado o *"transit circle"* (círculo de trânsito), ou telescópio meridiano. Também encomendado a Troughton e Simms, era usado por Carrington para obter posições exatas das estrelas quando estas cruzavam o meridiano, a linha imaginária que corria de norte a sul, passando pela casa. Ao contrário do versátil equatorial, o telescópio meridiano ficaria fixo para apontar somente para o meridiano, embora pudesse ser movido para cima e para baixo, para alcançar estrelas em diferentes altitudes.

Com os problemas do instável círculo de trânsito de Durham ainda frescos em sua memória, Carrington supervisionou cada etapa do processo de construção. As fundações para os pilares de apoio do instrumento foram escavadas até uma profundidade de pouco mais de 1,5 m, e preenchidas com pedras e concreto. Uma única laje de 12 cm de espessura foi colocada por cima e nivelada com precisão. Uma vez satisfeito, ele autorizou a construção dos pilares. Estes se elevavam na vertical como pedras megalíticas, a uma distância de quase 1 metro, de forma que o telescópio meridiano de 5 pés pudesse ser seguramente movimentado no meio. Um relógio de precisão científica foi colocado perto.

Carrington também dotou o observatório de aposentos para um assistente residente e contratou George Harvey Simmonds. Além disso, havia um quarto para uma criada no sótão da casa de três andares. Contando já com os instrumentos e o pessoal, Carrington prosseguiu com a meticulosa tarefa de ajustar com precisão o observatório e seu equipamento. Se quisesse produzir algo de útil, precisava entender as exatas características dos telescópios, para poder corrigir suas possíveis peculiaridades de fabricação. Com tudo calibrado, ele planejou começar a compilação de um catálogo de estrelas das regiões mais setentrionais do céu, áreas que haviam sido negligenciadas pelos observatórios maiores.

Enquanto preparava seu observatório, as notícias da correlação de Sabine entre perturbações magnéticas e os ciclos de manchas solares de Schwabe correram pela comunidade astronômica. O mesmo se deu com o estudo de um astrônomo suíço, chamado Johann Rudolph Wolf. Tra-

OBSERVATÓRIO NOTURNO E DIURNO 93

balhando na Universidade de Berna, ele cotejou os registros de manchas solares de astrônomos anteriores, numa tentativa de retroceder com os ciclos de Schwabe até o tempo das primeiras observações telescópicas de manchas solares feitas por Galileu. Conseguiu encontrar provas do ciclo de Schwabe até 1755, o que lhe permitiu revisar a estimativa aproximada deste último para a duração média de um ciclo, de uma década para 11,11 anos. De 1755 para trás, porém, as observações quase não existiam. Manchas solares, ao que parecia, haviam sido raras naqueles anos — ou a observação do Sol simplesmente fora negligenciada.

O ciclo de 11,11 anos chamou a atenção de Carrington. Sua crença mais profunda era que o universo se baseava em princípios lógicos, e não em caprichos inconstantes. Nos dias em que não estava ajustando o telescópio, viajava a Londres para fazer sua própria pesquisa sobre observações do Sol arquivadas na biblioteca da Royal Astronomical Society. Em pouco tempo desiludiu-se com os esforços dos astrônomos anteriores, julgando que as observações haviam sido executadas com um descaso quase negligente quanto à exatidão da localização. Observadores diferentes pareciam escolher valores diferentes para o período de rotação do Sol. Tampouco pareciam concordar acerca da inclinação do equador e do eixo de rotação do Sol. Até quando encontrou uma boa série de observações, Carrington ficou estarrecido com a forma descuidada com que o observador por vezes fazia suas investigações e, muitas vezes, nem se incomodava.

Carrington resolveu então usar seu novo observatório não apenas para elaborar o catálogo das estrelas setentrionais, mas também para um estudo meticuloso das manchas solares. Isso ocuparia todo o seu tempo, permitindo-lhe dedicar-se à compilação metódica das posições estelares à noite e exercitar sua imaginação durante o dia, enquanto buscava algum significado nas manchas solares.

Em 9 de novembro de 1853, ele acionou o mecanismo de abertura da cúpula e assestou o telescópio equatorial na direção do Sol. Em lugar de olhar pela ocular, posicionou cuidadosamente uma placa pintada a têmpera, de modo que a imagem brilhante do Sol incidisse sobre a tela improvisada. Com um par de fios de ouro, criou um retículo na ocular para lançar sombras diagonais sobre a imagem e começou a desenhar o que via. À medida que a Terra girava, a imagem do Sol se deslocava através do campo de visão. Ele cronometrou o tempo que cada mancha solar levava para cruzar o retículo estático, a fim de mais tarde poder usar a geometria para converter os tempos em latitudes e longitudes solares. Não satisfeito em fazer isso apenas uma vez, repetiu as tomadas de tempo pelo menos duas vezes, para calcular a média dos resultados com maior precisão. Ele estava determinado a fazer um estudo minucioso. Mostrou a mesma constância de Schwabe, registrando os aspectos e as posições das manchas solares em todos os dias claros durante os onze anos seguintes, tempo suficiente para verificar por si mesmo o ciclo das manchas solares de Schwabe.

No decorrer de 1854, com o telescópio meridiano finalmente ajustado com perfeição, Carrington e Simmonds começaram o catálogo das estrelas setentrionais. Quando não estavam com os olhos no céu, dedicavam-se aos estafantes cálculos matemáticos feitos à mão, necessários para converter em posições suas observações solares e estelares.

Com seu observatório em pleno funcionamento, levou pouco tempo para Carrington ser reconhecido como um dos maiores astrônomos da Inglaterra. Tanto John Herschel quanto George Airy tinham em alta conta sua perícia como observador. Certa ocasião, Airy solicitou sua ajuda para descobrir um misterioso erro que havia se insinuado nos dados de Greenwich. Era, disse o Astrônomo Real, como se todo o monte de Greenwich tivesse mudado de lugar, alterando assim as posições das estrelas. Carrington reconheceu imediatamente que as inconsistências se deviam ao resfriamento dos telescópios de Greenwich depois do calor diurno. Ele já havia enfrentado o mesmo problema com seus próprios telescópios e havia aprendido a corrigi-lo matematicamente.

Em 1855, tornou-se evidente que o ponto mínimo das manchas solares previsto por Schwabe estava ocorrendo. John Herschel usou esse fato como deixa para convencer Carrington a levar suas observações solares para a nascente arte da fotografia. Seu argumento era que uma simples fotografia poderia substituir horas no telescópio, a desenhar e marcar o tempo. Contudo, o senso de urgência de Carrington com relação à importância de um catálogo consistente das manchas solares fez com que ele preferisse não mudar sua metodologia, agora que havia começado. Ele calculava que seriam necessários três anos para desenvolver um telescópio fotográfico solar e aperfeiçoar a técnica para obter a precisão com a qual ele conseguia desenhar as manchas. Quem poderia saber que descobertas ele faria durante esses anos?

Herschel, assim, transferiu suas ambições fotográficas para o observatório de Sabine, em Kew. Ele deve ter achado comparativamente fácil persuadir o então general a desenvolver um telescópio para fazer registros fotográficos diários das manchas solares, pois tal dispositivo permitiria que Sabine monitorasse diretamente sua correlação entre manchas solares e tempestades magnéticas, sem recorrer aos dados de outros. Sabine agarrou a oportunidade e procurou o próspero homem de negócios Warren de la Rue para supervisionar o desenvolvimento do chamado foto-heliógrafo. A família De la Rue atuava no ramo gráfico. Ele próprio era um talentoso astrônomo amador, e as primeiras fotografias da Lua haviam despertado nele um grande interesse. A adaptação do processo para captar a imagem do Sol estimulava seu senso inovador, e ele se lançou à tarefa.

Carrington continuou com seus desenhos. As horas que passava estudando a superfície solar girando tornaram-no mais familiarizado com suas características e idiossincrasias. Em especial, o ato de desenhar os intricados detalhes das manchas solares o convenceu de que tanto William quanto John Herschel, apesar de toda sua capacidade, estavam errados. As manchas solares não eram fendas na superfície solar. Quanto mais atentamente se olhava, mais detalhadas se tornavam as áreas mais escuras. Não havia possibilidade de serem simplesmente buracos até o interior do Sol; elas possuíam uma estrutura muito individual. De certo modo, eram formas escuras que flutuavam na atmosfera solar.

Em 1856, a natureza estafante das observações de dia e de noite começou a cobrar um preço de ambos, Carrington e Simmonds. Este, embora no início trabalhasse em todas as noites de céu limpo, independentemente de data, acabou por reivindicar folga aos domingos. Carrington acedeu, mas continuou a observar sozinho. Com o tempo, até ele precisou de uma pausa e se concedeu férias. Tirou quinze dias para visitar a Alemanha e seus distritos, seguindo um itinerário que o levou a passar pelo maior número possível de observatórios. Em particular, ele estava determinado a visitar o de Heinrich Schwabe.

Chegando a Dessau, encontrou o observatório localizado no centro da cidade. À primeira vista, aquele parecia ser o lugar mais impróprio para uma instalação astronômica. E, mais estranho ainda, o endereço na rua St. Johannis era o de uma casa comum. Schwabe, na época um homem de 67 anos, calvo e de rosto redondo, cumprimentou Carrington e o conduziu para o pavimento superior. Em um pequeno sótão, de apenas três metros e meio por três, de cujas janelas se viam os telhados das casas ao redor, ele se deparou com o mais magnífico telescópio Fraunhofer. Estava apontado para uma das janelas que davam para o sul, por onde a luz solar penetrava por volta do meio-dia. Esse ambiente modesto era o local da importante descoberta a respeito do Sol que tanto havia intrigado Carrington.

Durante os últimos 31 anos, Schwabe havia subido todos os dias até o sótão e anotado o número de manchas. Em média, o clima lhe permitia observar o Sol em trezentos dias por ano. Ele mostrou a Carrington suas anotações: cerca de 9 mil observações de aproximadamente 4.700 manchas solares, anotadas em uma coleção de cadernos. Além de fatos e números, Schwabe havia também desenhado as manchas mais interessantes que tinha visto. Ele disse que sua descoberta do ciclo solar o tornara comparável a Saul, que saiu para procurar as jumentas de seu pai e encontrou um reino. Uma coisa, porém, o frustrava: ele confessou que jamais fora capaz de deduzir com exatidão a velocidade da rotação do Sol.

Os dois astrônomos falaram sobre suas respectivas observações solares, e Carrington ficou sabendo que Schwabe também fazia restrições à ideia de se considerar as manchas solares como buracos. Quando elas se aproximavam das bordas do Sol, era bem sabido que apareciam como depressões; essa fora a observação que William Herschel havia proclamado em 1795, esquecendo-se, porém, de mencionar que Alexander Wilson a havia anunciado um quarto de século antes. Schwabe e

OBSERVATÓRIO NOTURNO E DIURNO   97

Carrington comentaram que suas próprias observações haviam revelado que a profundidade das depressões variava de uma mancha para outra. Esse dado era significativo, porque, se as manchas fossem realmente brechas que se abriam até a superfície escura do Sol, todas deviam ter a mesma profundidade.

Carrington se despediu de Schwabe, inspirado pela coerência de sua devoção e pelos bons resultados que ele havia conseguido. De volta à Inglaterra, relatou sua excursão em uma reunião da Royal Astronomical Society e passou a insistir para que Schwabe fosse oficialmente reconhecido pela organização por seu trabalho inovador. No ano seguinte, Schwabe foi o ganhador da medalha de ouro de 1857, a mais alta honraria da RAS.

Ao anunciar a premiação, o então presidente da RAS, Manuel Johnson, do Observatório Radcliffe, da Universidade de Oxford, elogiou Schwabe por seu zelo obstinado e esforço incansável, afirmando que "a firmeza de um homem revelou um fenômeno que havia desafiado as suspeitas dos astrônomos por 200 anos". Naquele mesmo ano, Carrington assumiu o posto de secretário da RAS, junto com Warren de la Rue, que continuava a fazer experiências com fotografia solar em Kew. Como parte de suas atribuições, coube a Carrington fazer nova visita a Schwabe para lhe entregar pessoalmente a medalha, que trazia gravada a imagem do telescópio de 40 pés de William Herschel.*

Aquele ano também foi marcante para Carrington, pois foi quando ele finalmente completou o catálogo das estrelas setentrionais, ao qual vinha se dedicando havia quatro anos. As observações haviam sido concluídas em 1856, mas as reduções matemáticas estenderam o projeto por mais um ano. Três quintos dessas operações podiam ser creditados a Simmonds, segundo estimativa de Carrington, que ficou realmente grato por seu esforço, referindo-se a ele como "meu amigo George Harvey Simmonds" na introdução do catálogo. Não obstante, pouco tempo depois Simmonds abandonou o emprego no observatório.

---

* Até hoje, esse telescópio de William Herschel continua sendo o logotipo oficial da Royal Astronomical Society.

98 OS REIS DO SOL

O catálogo veio a ser considerado tão importante para a arte da na vegação que o almirantado publicou o volume com recursos públicos. A obra consolidou o nome de Carrington nos círculos astronômicos; ele não mais era visto como um novato promissor, pois havia realmente conseguido um feito importante.

Mas ele não dormiu sobre os louros; tratou de procurar outro as sistente e voltou com entusiasmo renovado às suas observações solares. Havia um mistério, havia muito tempo esperando por solução, sobre a velocidade da rotação do Sol. Durante suas pesquisas em observações anteriores de manchas solares, ele verificara que as medidas do período de rotação do Sol variavam de vinte e cinco a vinte e oito dias. Ele tinha confiança de que seus telescópios em Redhill já haviam proporcionado os dados para determinar esse tempo com maior precisão.

Seu raciocínio foi que, como as manchas apareciam em ambos os hemisférios do Sol e eram arrastadas com sua rotação, elas deviam deslocar-se paralelamente ao equador solar. O único problema era saber se as próprias manchas mudavam de posição, além de serem arrastadas pelo movimento da rotação solar. Para contornar esse possível problema, ele precisava fazer um grande número de observações, a fim de calcular a média de qualquer movimento individual das manchas. Ele optou por deixar de lado os conjuntos grandes ou espalhados de manchas porque estes mudavam sua aparência diariamente, tornando difícil determinar com exatidão um ponto central. Fixando-se apenas nas manchas mais redondas, bem-definidas e mais isoladas, Carrington começou a trabalhar comparando os resultados.

Como de costume, os cálculos matemáticos levaram meses, mas, em 1858, ele compreendeu por que as determinações anteriores haviam sido tão variadas. O problema não estava na precisão dos telescópios, mas eram as manchas das latitudes maiores que se moviam sempre mais lentamente do que as mais próximas do equador. Portanto, os observadores anteriores provavelmente vinham comparando as rotações de manchas em latitudes diferentes.

Carrington anunciou os resultados à Royal Astronomical Society, explicando que o Sol não girava como uma esfera compacta, mas

OBSERVATÓRIO NOTURNO E DIURNO

que o equador completava um giro em cerca de vinte e cinco dias, ao passo que as latitudes médias levavam três dias mais. A duração média da rotação do Sol era de vinte e sete dias aproximadamente. Essa "rotação diferencial" constituía prova consistente de que ele era um corpo totalmente gasoso, pois nenhum objeto sólido poderia girar em velocidades diferentes. Porém, quando apresentou sua conclusão na RAS, fez poucos comentários sobre o desafio que suas observações representavam para a noção herscheliana de um corpo sólido. Preferiu deixar que suas considerações falassem por si, para que os outros tirassem as devidas conclusões. Na verdade, estava se tornando óbvio que ele vinha se distanciando bastante da teoria, preferindo concentrar seus esforços na observação, o campo onde ele sabia que residiam seus notáveis talentos.

Naquele dia na RAS, houve algo mais que Carrington não mencionou, uma descoberta tão cheia de potencial que ele não quis adiantar nada até conferir novamente suas conclusões. Ele havia notado que as manchas solares não apareciam em latitudes aleatórias. No início de um ciclo de manchas, marcado pelo número mínimo de ocorrências, as que apareciam ficavam em latitudes mais altas. À medida que o ciclo prosseguia e mais manchas apareciam, estas surgiam em latitudes mais baixas, aproximando-se do equador. Esse comportamento era espelhado em ambos os hemisférios. Tratava-se de um aspecto tão potencialmente importante do ciclo solar de Schwabe que Carrington decidiu adiar seu anúncio até que tivesse feito uma análise completa de seus dados. Na verdade, ele nem teve oportunidade de fazê-lo.

Em julho, seu pai faleceu de repente aos 62 anos. Carrington escreveu imediatamente aos observatórios de Greenwich e Durham, rogando-lhes que prosseguissem com suas observações das manchas solares enquanto ele tomava as providências para o funeral. Ao chegar à cervejaria da família em Brentford, constatou que não havia ninguém além dele para assumir os negócios. Sua mãe e David, seu irmão mais novo e com problemas mentais, dependiam dele para seu sustento. Assim, Carrington se viu de repente lançado na tarefa de administrar a cervejaria, sobrando-lhe pouco tempo para voltar à astronomia.

100   OS REIS DO SOL

Em novembro, ele ainda não havia completado o trabalho para provar em definitivo a mudança de latitude das novas manchas que iam aparecendo. Contudo, não podia adiar mais o anúncio. Warren de la Rue havia aperfeiçoado o foto-heliógrafo e estava tirando fotografias diárias em Kew. Por toda parte, na Inglaterra e na Europa, outros astrônomos também estavam estudando o Sol avidamente. Embora Carrington tivesse uma considerável dianteira sobre eles, suas novas responsabilidades significavam que em breve os outros o alcançariam. Na reunião daquele mês na RAS, ele começou pedindo desculpas aos membros por a prova estar incompleta e apresentou um brevíssimo resumo de suas suposições. Seu medo da concorrência era bem-fundado.

Alguns anos mais tarde, o astrônomo alemão Gustav Spörer anunciou a mesma conclusão com uma análise minuciosa de dados coligidos independentemente para apoiar sua asserção. A passagem de latitudes altas para baixas à medida que o ciclo de manchas prosseguia logo se tornou um aspecto aceito do ciclo solar, conhecido como lei de Spörer. Apesar de Carrington ter feito o anúncio antes, a prova mais completa do alemão garantiu que ele tivesse o seu nome associado ao fenômeno.

A perda do crédito pela descoberta deve ter despertado em Carrington a convicção de que, a menos que pudesse conciliar sua vida de cientista com suas responsabilidades como proprietário da cervejaria, sua carreira de astrônomo estaria encerrada.

6

A perfeita tempestade solar, 1859

Carrington passou por um lento processo de adaptação ao seu novo *status quo*. Sua mãe veio morar em Redhill, e ele ia e voltava entre sua casa e Londres, onde ficava a cervejaria. Atarefado com os negócios, fazia o possível para manter um rígido programa de observações. Também continuava com sua função de secretário honorário da RAS, em conjunto com Warren de la Rue, posição que lhe garantia um certo destaque na comunidade astronômica, mas roubava mais um pouco de seu tempo.

Logo, viu-se forçado a delegar algumas das observações a um assistente. Confiar seu observatório a outra pessoa talvez não fosse motivo de preocupação, se ele ainda contasse com a colaboração do leal sr. Simmonds. Porém, desde que este se fora, Carrington vinha batalhando para encontrar um substituto à altura. Nenhum dos assistentes que vieram depois alcançava o padrão do sr. Simmonds. Em razão disso, Carrington tinha que se encarregar das demoradas operações matemáticas, assim como de todas as observações de que ele pudesse dar conta. Assim, foi ficando cada vez mais preocupado de que sua pesquisa viesse a sofrer um atraso irrecuperável.

Em março de 1859, Carrington soube que o astrônomo de Oxford, Manuel Johnson, havia falecido de repente aos 54 anos, deixando vago um posto bem-remunerado no Observatório Radcliffe da universidade, e

102 OS REIS DO SOL

decidiu candidatar-se ao cargo. Se retornasse ao exercício da astronomia em tempo integral e, melhor ainda, com uma equipe de matemáticos à sua disposição, poderia vender a cervejaria a quem apresentasse a melhor oferta. O problema era que teria de deixar sua adorada casa em Redhill e passar a prestar contas ao conselho diretor do observatório — uma situação que terminara de forma desastrosa para ele em Durham.

Ele enviou uma carta a John Herschel, revelando suas intenções e apelando ao cientista, então com 67 anos, para intervir a seu favor. "Se tiver que deixar Redhill, me sentirei como um árabe se desfazendo de sua égua favorita, nem sei se conseguiremos nos separar", escreveu. Mas não via outra solução. Pediu a Herschel para manter o assunto em segredo, pois sabia bem que pareceria muito estranho um cavalheiro abrir mão de sua independência, para voltar a trabalhar como empregado. "Isso poderia ser mal interpretado nesta cidade onde poucos acreditam que um homem possa preferir a astronomia com um baixo salário a um negócio mais rentável." Enquanto não fosse confirmado no emprego, ele não gostaria que se falasse de seu desejo, a fim de que sua reputação e seu bom senso não viessem a ser questionados.

De todos a quem ele podia recorrer, Herschel era provavelmente o que mais compreendia o dilema de Carrington. Há apenas alguns anos ele também fizera uma mudança de carreira equivocada, abandonando a ciência para tornar-se o chefe da Casa da Moeda do Tesouro. As dificuldades associadas ao posto haviam reduzido tão drasticamente sua capacidade de se dedicar à ciência que ele havia se aposentado em 1855, para retornar às suas pesquisas sobre o mundo natural.

Com o apoio de Herschel, Carrington candidatou-se ao cargo e aguardou. Meses se passaram sem que ele tivesse qualquer notícia. O posto permanecia vago, e o trabalho do Observatório de Oxford estava comprometido. Entrementes, ele continuava a labutar em Redhill, sem imaginar que 1859 viria a ser seu ano mais notável.

Primeiro, ele soube que sua perseverança seria recompensada naquele ano com a medalha de ouro da Royal Astronomical Society, oficialmente em razão do grandioso catálogo de 3.735 estrelas que ele havia compilado em apenas três anos. Depois, no fim do verão, ele testemunhou a

A PERFEITA TEMPESTADE SOLAR

espetacular erupção solar, quando catalogava as manchas solares do dia e, na mesma noite, a Terra foi envolta pela aurora, enquanto os efeitos magnéticos de uma perfeita tempestade solar varriam nosso planeta.

Já então um dos especialistas de renome mundial no estudo do Sol, Carrington foi coroado Rei do Sol por essa extraordinária descoberta, e pouco depois foi eleito membro da Royal Society, com uma lista de proponentes que pode ser considerada um "Quem É Quem" da astronomia da época vitoriana. Nela apareciam George Airy, o Astrônomo Real; John Herschel; o 3º conde de Rosse, que estava construindo um telescópio gigantesco, para rivalizar com a lembrança do instrumento de 40 pés de William Herschel; John Couch Adams, o modesto teórico de Cambridge, cuja previsão a respeito de Netuno fora ignorada; James Challis, que havia inspirado Carrington a dedicar-se à astronomia; e seu velho amigo Warren de la Rue, entre quinze outros, incluindo Baden Powell, o fundador do escotismo.

Esse deveria ter sido o ponto alto da carreira de Carrington, mas tudo o que fez foi enfatizar que ele deveria devotar todo o seu tempo à astronomia. Ao contrário de alguns de seus colegas que praticavam a astronomia por diletantismo, a paixão de Carrington era forte demais para que ele se satisfizesse com qualquer coisa que não fosse imersão total, e ele se esforçava para encontrar uma forma de se equilibrar entre os negócios e a ciência.

A única vantagem da cervejaria era que ficava a apenas poucos quilômetros do observatório de Kew, onde De la Rue estava fazendo enormes progressos na fotografia solar. Certo dia no começo de setembro, enquanto tratava de negócios, Carrington atravessou o Tâmisa, passando pelo jardim botânico de Kew, onde espécimes de plantas dos mais longínquos rincões do Império eram cultivados em catedrais de vidro, e seguiu pelo longo caminho até o magnífico edifício branco do observatório.

Para Balfour Stewart, recém-nomeado diretor do Observatório de Kew, a visita de Richard Carrington com sua descrição da erupção solar foi um momento definitivo. A seu ver, o bipe magnético que coincidia com a erupção de Carrington era um claro sinal de que o Sol afetava a Terra através do magnetismo. Quando posteriormente ele apresentou o gráfico para a Royal Society, anunciou que, com o registro do sinal "nosso astro foi apanhado no ato". No entanto, entender o mecanismo por trás da conexão não era nada fácil.

Grandes tempestades magnéticas haviam ocorrido antes e depois da erupção de Carrington. A primeira começou no fim da tarde de 28 de agosto, e a outra, nas horas antes do amanhecer de 2 de setembro, conforme calculado pelo tempo médio de Greenwich. Os gráficos desses dois eventos sobrepujaram o bipe e representaram dois poderosos períodos de caos magnético.

Stewart estava convencido de que todos os três eventos estavam relacionados de alguma forma, e começou a colher informações dos outros observatórios magnéticos ao redor do mundo. Todos tinham leituras das duas grandes tempestades, mas ninguém mais havia visto o pequeno pico que coincidia com a erupção. O motivo disso era que a maioria das estações se valia de observadores que faziam as leituras manualmente a cada hora, mais ou menos. Na verdade, não fosse pela atividade contínua do dispositivo de registro fotográfico, a própria equipe de Kew teria também deixado de perceber esse pequeno sinal da coincidência magnética. Stewart acreditava que isso tinha o mais empolgante potencial científico. Na conclusão de um artigo sobre o assunto para a Royal Society, Stewart escreveu: "Se for verdade que as manchas na superfície de nosso astro (ou a ação ligada a essas manchas) são a causa primária da perturbação magnética, é de se esperar que, sendo o estudo do disco do Sol no momento um assunto preferido entre os observadores, em breve tempo possamos saber algo mais definido no tocante à exata relação que há entre esses dois grandes fenômenos."

Stewart não era o único a ficar fascinado por essas tempestades magnéticas.

Nos Estados Unidos da América, Elias Loomis, professor de matemática e ciências naturais na Universidade de Nova York, estava preparando sua transferência para Yale, a fim de realizar pesquisas na nova ciência

A PERFEITA TEMPESTADE SOLAR

da meteorologia, mas a escala sem precedentes da aurora do dia 28 de agosto atraiu sua atenção.* Tendo ele próprio testemunhado o espetáculo, imediatamente reconheceu a importância do evento. Em artigo no *American Journal of Science and Arts*, Loomis solicitou depoimentos de quem tivesse observado a aurora ou a tempestade magnética e seus efeitos sobre as linhas telegráficas. As respostas inundaram a publicação. Loomis, que havia se refugiado no trabalho desde a morte de sua mulher, Julia, cinco anos antes, fez uma seleção entre os relatos de testemunhas oculares e montou um quadro perturbador do caos global que cercou a erupção de Carrington.

Tudo começou por volta de 6h30 da tarde de 28 de agosto, quando todas as linhas telegráficas do posto da State Street em Boston pararam de funcionar. Em outros postos, o início da tempestade magnética foi muito mais ameaçador. Em Springfield, Massachusetts, uma descarga elétrica crepitou do equipamento de telegrafia para uma estrutura de metal próxima, prenunciando a desintegração das comunicações por toda a noite. O arco elétrico persistiu por tanto tempo que o local foi tomado pelo cheiro de madeira e pintura queimadas.

Em Pittsburgh, Pensilvânia, os operadores lutaram para desligar as baterias das linhas, pois as correntes da aurora ameaçavam destruir o equipamento. No processo de desconexão, não só centelhas, mas "raios de fogo" saltavam em torno do aparelho, sujeitando os delicados contatos de platina ao perigo de se fundirem. Com sua pronta ação de desligamento, os operadores salvaram os contatos, mas verificaram que

---

* Uma das primeiras experiências de Loomis na meteorologia foi fazer a estimativa das velocidades do vento em um tornado, de uma forma um tanto macabra. Uma história corrente nos campos dizia que as galinhas que tivessem o azar de serem apanhadas por tornados tinham, muitas vezes, suas penas arrancadas. Em 1842, Loomis selecionou algumas galinhas ainda mais azaradas para sua experiência. Ele as matou e atirou cada carcaça por um canhão. Seu plano era usar diferentes cargas explosivas, de forma que cada uma delas fosse arremessada em uma velocidade diferente, e depois examiná-las para ver quais haviam sido depenadas e quais haviam conservado as penas. Mas as coisas não correram exatamente de acordo com o plano, conforme registrou Loomis: "Minha conclusão é que uma galinha arremessada no ar com essa velocidade é feita totalmente em pedaços; portanto, as velocidades do vento dos tornados são provavelmente menores do que a velocidade medida das galinhas, de aproximadamente 545 km por hora." Pode-se contestar seus métodos, mas não se pode criticar seu raciocínio.

106   OS REIS DO SOL

o equipamento estava quente demais para ser tocado. A mesma sorte não teve o telegrafista Frederick W. Royce em Washington, D.C., que ficou aturdido por um grande arco de eletricidade que saltou para cima e atingiu sua testa. Ele se recuperou logo depois, mas o evento mostrou seu potencial de perigo mortal.

A noite toda, os operadores lutaram para enviar suas mensagens. O melhor que podiam esperar eram intervalos de 30 a 90 segundos antes que as ondas avassaladoras de eletricidade fantasma tomassem conta novamente de seu equipamento. Fora dessas janelas de funcionamento normal, a corrente nas linhas ou se reduzia a zero ou subia com tanta força que os manipuladores usados para bater as mensagens eram fortemente dominados pelo magnetismo e não podiam ser movimentados. Quando as linhas eram liberadas, poucas operações comerciais conseguiam ser efetuadas, pois os telegrafistas estavam muito ocupados comentando com seus colegas de estações distantes as condições sem precedentes daquela noite — e os supervisores também estavam muito ocupados documentando o insólito comportamento dos equipamentos para se preocuparem em controlar a quantidade de trabalho efetivo expedido pelo posto.

Todos na equipe sabiam que as linhas mais longas conduziam as maiores correntes de interferência, mas naquela noite até as linhas mais curtas estavam sendo afetadas. A corrente desconhecida afetou perceptivelmente a linha que ligava o centro da cidade de Boston ao observatório de Harvard, a apenas cinco quilômetros de distância. Os telegrafistas sabiam que uma interferência elétrica desse tipo era acompanhada por auroras, e muitos se perguntavam se as luzes celestes seriam tão extravagantes como a interferência. E eles não se desapontaram.

O serviço telegráfico havia sido interrompido pouco após as 6 horas da tarde, e, embora o crepúsculo ainda não tivesse começado, o tom rosado da aurora imediatamente tingiu o céu, tornando-se mais visível à medida que escurecia. Em Newbury, Massachusetts (42 graus e 48 minutos de latitude), a aurora no leste facilmente superou o brilho do pôr do sol no oeste; e em Marquette, Michigan (46 graus e 32 minutos), a aurora formou ondas de luz branca no horizonte que se transformaram

A PERFEITA TEMPESTADE SOLAR

em "vapores lanosos rubros" no zênite. Os galos começaram a cantar em Grafton, Canadá (44 graus e 3 minutos), induzidos pela aurora a achar que o dia estava nascendo. Em Green Bay, Wisconsin (44 graus e 30 minutos), um homem chamado D. Underwood assim descreveu todo o espetáculo de luz:

> A aurora foi visível na parte norte do firmamento, mas só atraiu atenção especial por volta das 21 horas. Pouco depois das 20 horas o céu começou a ficar vermelho, quase chegando à cor de sangue. Em seguida foram observadas raias disparadas para o alto, saindo de todos os pontos do horizonte e se concentrando em uma grande massa luminosa no meio do céu. A cor atingia maior intensidade no zênite. Raios subiam constantemente de todos os pontos do horizonte, sempre mudando de cor. Os raios emitiram uma luz vermelha intensa durante cerca de meia hora, começando a se desvanecer lentamente no norte e no sul, mas no leste e no oeste continuaram a brilhar até as 22 horas, quando começaram a se dissipar. Lampejos de luz branca apareciam entre eles, principiando no horizonte e se movendo para cima, um após o outro, em rápida sucessão, como as ondas de um imenso mar de luz. Tornavam-se mais brilhantes à medida que a cor vermelha desaparecia, e, quando esta se apagava por completo, eles também aos poucos acabavam por sumir.

Esse mesmo espetáculo pôde ser visto em Key West, Flórida (24 graus e 33 minutos), como um manto de luz cor de fogo no céu setentrional. Também em Inagua, nas Bahamas (21 graus e 18 minutos), o brilho vermelho do céu provocou o pânico de que um grande incêndio estivesse ocorrendo em algum lugar próximo.

As luzes desapareceram do céu antes da meia-noite, porém isso não significou o fim da aurora daquela noite. A interrupção do serviço telegráfico continuou e, nas primeiras horas de 29 de agosto, o céu novamente se transformou em um bruxuleante globo iluminado. O professor C. G. Forshey havia se recolhido para dormir, acreditando que o espetáculo houvesse terminado com o desaparecimento das primeiras manifestações luminosas. Por acaso, ele acordou às 3 horas da madrugada, "percebendo

108 OS REIS DO SOL

que lá fora estava muito claro, rosado, e vendo todo o céu setentrional de novo como que em chamas".

William Dawson, do Condado de Henry, Indiana (40 graus), testemunhou o início da segunda fase:

> Por volta da meia-noite, uma nuvem escura, coberta por imensas raias de fulgurante luz branca, pairava no horizonte setentrional quando, de repente, dela irromperam lampejos coruscantes em vermelho, roxo e branco, disparando até um ponto a 15° ou 20° ao sul do zênite, onde essas luzes rutilantes assumiram a aparência de uma nuvem, tingida de vermelhão [sic] e púrpura. À meia-noite e meia, dois terços do céu estavam totalmente envoltos em torrentes de raias cintilantes.

Muitas pessoas relataram que essa nova torrente de cor proporcionou uma luz igual à da Lua, permitindo que lessem as letras maiores dos jornais. De volta a Newbury, Massachusetts, essa segunda fase foi tão brilhante que as estrelas sumiram na luz da aurora. Em Sacramento, Califórnia (38 graus e 34 segundos), "todo o céu setentrional ... parecia uma abóbada em fogo, sustentada por colunas de diversas cores, atenuadas e intensificadas por sombras escuras".

Na Inglaterra, a escuridão da noite já havia se espraiado por todo o país quando se iniciou a investida, às 22h de 28 de agosto. Quando os magnetos de Kew saltaram, um flamejante arco púrpura apareceu cruzando o céu, acompanhado por intensas raias e cortinas de luz vermelha e laranja. Por toda a Europa, os relatos eram os mesmos, dando conta de auroras brilhantes e colapso nas comunicações telegráficas. Somente Atenas, na Grécia (38 graus e 2 minutos), não registrou qualquer observação do fenômeno, apesar do tempo claro. Em muitos lugares, as auroras só desapareceram do céu com a luz do dia. No entanto, a interrupção dos telégrafos continuou por todo o dia, atestando que a atmosfera da Terra ainda repercutia a energia elétrica e magnética.

Enquanto as luzes do Ártico envolviam o hemisfério norte, também suas correspondentes antárticas alcançaram regiões antípodas. Na Austrália, a aurora foi registrada no Observatório de Sydney (33 graus

A PERFEITA TEMPESTADE SOLAR

e 52 minutos sul) como um reluzente brilho vermelho com raias no céu meridional. Um astrônomo perdeu a oportunidade de apreciar todo o fenômeno. O assistente do Observatório do Chile, Richard Schumacher, para seu desalento, dormia profundamente em seu beliche em um navio nas proximidades do cabo Horn (57 graus sul) durante o espetáculo de 28 de agosto. Ouvindo os comentários dos marinheiros na manhã seguinte, pediu ao imediato para acordá-lo, caso a aurora voltasse. Em 2 de setembro, ele foi arrancado do sono nas primeiras horas da manhã. Estava acontecendo de novo.

Os cientistas em Kew e nos outros laboratórios magnéticos ao redor do mundo vinham observando o ritmo agitado do campo magnético da Terra desde o evento de 28-29 de agosto. Eles sabiam que, o que quer que estivesse acontecendo, ainda não havia acabado. Durante a noite de 1º para 2 de setembro, como consequência da erupção de Carrington, as auroras explodiram novamente para todos verem, dessa vez até maiores e mais demoradas do que as de 28-29 de agosto.

Em um acampamento em Sierra Abajo, Utah (37 graus), o Dr. John S. Newberry foi despertado por uma luz vermelha que inundou sua tenda. Do lado de fora, ele viu o céu emoldurado por um vermelho intenso, com raias de luz branca e amarela convergindo no zênite. Em Cahawba, Alabama (32 graus e 25 minutos), as cores ondulavam como uma gigantesca flâmula ao vento. Em São Petersburgo, na Rússia (59 graus e 56 minutos de latitude), as variações magnéticas foram tão anormais que as leituras regulares de hora em hora passaram a ser feitas a cada cinco minutos. Entre 1º e 3 de setembro os instrumentos magnéticos da Rússia ficaram sobrecarregados pela força da tempestade magnética, e não foi possível fazer nenhuma medição útil. O mesmo aconteceu nos outros observatórios magnéticos ao redor do mundo;* as ondas de magnetismo durante a tempestade ultrapas-

---

* Embora o financiamento do governo britânico para os observatórios da cruzada magnética do general Sabine tivesse cessado em 1849, muitos outros ainda estavam funcionando com verbas particulares ou provinciais.

110 OS REIS DO SOL

savam as escalas dos instrumentos, portanto só se podia fazer uma estimativa da força máxima da tormenta.

Para os telegrafistas, outro dia de interrupção e de perigo se apresentava. Alguns resolveram contra-atacar. George B. Prescott era o superintendente do posto telegráfico da State Street de Boston. Ele havia feito anotações minuciosas acerca dos efeitos da aurora sobre as linhas telegráficas durante quase uma década, a princípio conforme relatos que ouvira ainda em 1847 e depois presenciando alguns efeitos fracos em 1850. Em 1851, ele teve sua primeira demonstração efetiva, quando a aurora dominou inteiramente as linhas. Um ano depois, testemunhou o perigo. O posto em que trabalhava utilizava o método eletroquímico de Bain para gravar as mensagens recebidas, que consistia em um conjunto de papéis preparados por imersão em uma solução de potássio, ácido nítrico e amônia. Isso tornava o papel suscetível à eletricidade; a polaridade positiva decompunha os elementos químicos no papel e marcava um ponto em azul, enquanto a polaridade negativa branqueava o papel. Ao aproximar-se a noite de 19 de fevereiro de 1852, Prescott observou que uma linha azul aparecia no papel, indicando que uma corrente contínua estava passando pelo fio. A linha foi ficando mais escura à medida que a corrente aumentava, até que o papel pegou fogo. Lutando contra a fumaça carregada de elementos químicos, ele apagou o fogo e observou a corrente se desvanecendo. Em lugar de parar em zero, ela continuou a aumentar na polaridade negativa, até provocar fogo novamente.

Observando os efeitos da aurora de 28-29 de agosto de 1859, Prescott notou que, no intervalo entre as ondas, a corrente auroral muitas vezes tinha uma força comparável à que era fornecida pelas baterias. Ele então concebeu um plano. Uma linha telegráfica trabalhava utilizando duas baterias, uma em cada extremidade. As baterias eram ligadas à terra e ao fio através de um dispositivo de operação manual que podia armar ou interromper um circuito. Mediante pancadinhas nesse dispositivo, pulsos elétricos percorriam o fio. Quando ocorria a aurora, a corrente elétrica era constante no fio. Ele então pensou, e se desligasse as bate-

A PERFEITA TEMPESTADE SOLAR

rias e trabalhasse apenas com a corrente fantasma? Ele se apressou em publicar suas ideias na edição de 31 de agosto do *Boston Journal*, mas não imaginava que teria uma oportunidade de testá-las tão cedo.

Quando os negócios abriram em 2 de setembro, as linhas estavam quase impraticáveis devido à tempestade magnética. Por sugestão de Prescott, o operador de Boston pediu ao seu colega de Portland para desligar a bateria e ligar a linha telegráfica através da armadura, diretamente à terra. Após fazer o mesmo, o operador de Boston transmitiu: "Estamos trabalhando apenas com a corrente da aurora boreal. Como você recebe minha mensagem?"

"Muito bem, muito melhor até do que com as baterias ligadas. Há muito menos variação na corrente, e os ímãs trabalham com mais estabilidade. Que tal continuarmos a trabalhar assim enquanto durar a aurora?", perguntou o operador de Portland.

"Concordo", respondeu o telegrafista de Boston, e começou a enviar os despachos do dia. Outros operadores em todo o mundo chegaram à mesma conclusão independentemente e também trabalharam assim durante o dia.

Enquanto examinava cuidadosamente a grande quantidade de relatórios, Loomis observou que, assim como as tempestades magnéticas, as auroras eram eventos globais. Elas haviam ocorrido em todos os lugares em que podiam ser vistas, praticamente ao mesmo tempo. Ele traçou um gráfico das posições da aurora em um mapa e notou que o espetáculo de luz setentrional havia acontecido em uma larga extensão oval, deslocado do eixo de rotação da Terra, mas inclinado de forma a circundar o polo norte magnético, no Ártico canadense. Esse deslocamento inclinava o oval da aurora, que descia através da América do Norte até a zona tropical do hemisfério ocidental, mas o afastava dos trópicos orientais. Embora os relatórios do hemisfério sul fossem mais vagos, havia poucas dúvidas de que uma vibrante exibição de tamanho equivalente havia ocorrido também ali, porém em grande parte longe de olhos humanos, pois havia aparecido sobre as águas agitadas que circundam o continente antártico.

112   OS REIS DO SOL

Loomis fez a triangulação dos relatos de arcos e raias coloridos, vistos em locais muito afastados entre si, para calcular a altura da aurora. Ele avaliou que sua base, caracterizada pelo arco, se elevava até cerca 80 quilômetros. As raias se erguiam do arco, como os espigões defensivos no dorso de um dinossauro, e se elevavam até 800 quilômetros de altura. Na largura, variavam entre 8 e 32 quilômetros. Em todos os lugares em que foram avistadas, as raias apontavam mais ou menos do norte para o sul.

Sua fascinação pelas auroras logo ultrapassou os eventos mais recentes, e ele começou a investigar ocorrências anteriores. Em pouco tempo notou que as auroras boreais eram sempre acompanhadas pelas austrais, sendo que ambas se apresentavam em faixas circundando as regiões polares. A faixa setentrional passava pela baía de Hudson e por um grande trecho do Canadá; continuava através do Alasca, atravessando o estreito de Bering até cobrir o Império Russo, antes de voltar sobre o Atlântico, engolfando a Islândia e a ponta da Groenlândia. No interior desse cinturão, as auroras podiam ser vistas em quase todas as noites límpidas. Quanto mais longe dessa faixa, mais difícil se tornava observar o fenômeno. Alcançando até Havana (23 graus), Loomis conseguiu encontrar apenas seis manifestações aurorais nos séculos anteriores. Mais ao sul de Havana, o número era desprezível; por outro lado, acima de Havana as auroras aumentavam tanto em frequência como em brilho, e crescia também a probabilidade de envolverem o céu inteiro. O que o levou a concluir que a frequência das auroras crescia com a latitude. Quanto mais ao norte, maior a sua frequência. Nas margens dos Grandes Lagos, podia-se esperar ver algumas dúzias por ano.

Todo seu trabalho ressaltou a escala inédita das auroras de 1859, e os relatos dos problemas no uso dos telégrafos salientaram a natureza assustadora do evento. O domínio do homem de repente pareceu menos seguro. A Terra havia sido envolvida em algo inexplicável, o primeiro fenômeno presenciado que exercera uma influência direta sobre o planeta, mas que não tinha nada a ver com a gravidade — a única força que se imaginava ser capaz de se transmitir através do espaço. No cerne de tudo estava a erupção de Carrington. Subitamente, tornou-se imperativo descobrir a capacidade da erupção de provocar auroras e tempestades magnéticas.

A PERFEITA TEMPESTADE SOLAR 113

De sua parte, Loomis acreditava firmemente que havia ligação entre as auroras e o colapso dos telégrafos. Vários dos observadores haviam descrito o movimento das formas da aurora ou declarado que as luzes tremeluziam como uma bandeira ao vento. Com base nos relatos, Loomis verificou que o movimento ia de nordeste para sudoeste. Era a mesma direção das ondas da corrente auroral que passavam pelas linhas telegráficas, levando-o a deduzir que a aurora havia sido produzida pelo fluxo de eletricidade através da atmosfera. Balfour Stewart chegou a conclusões basicamente semelhantes, acreditando que a tempestade magnética tinha sido causada por uma corrente flutuante de eletricidade expelida pelo Sol na erupção solar e que havia varrido toda a Terra.

Outros cientistas especularam que efeito teriam as auroras sobre o clima. A maioria presumia que devia haver alguma conexão, pois ambos ocorriam na atmosfera. Imaginavam se haveria algum vínculo com as trovoadas, pois estas eram as outras ocasiões em que a eletricidade tomava conta do ar.

Enquanto se esforçavam para descobrir um elo entre fenômenos atmosféricos, solares e magnéticos, os astrônomos logo se viram num emaranhado de causa e efeito. Por que a erupção de Carrington produzira apenas um pequeno distúrbio, em comparação com a tempestade magnética dezoito horas depois? A tempestade subsequente estaria ligada de alguma forma àquela erupção, ou teria ocorrido uma ainda maior, que não fora vista, dezoito horas depois? Se toda tempestade magnética decorria de uma erupção, por que não se observavam mais erupções? Tudo isso era um grande enigma, pois o número de observadores do Sol não parava de crescer; algum certamente haveria de estar olhando para o lugar certo, na hora certa.

Na caçada às mínimas pistas para entender essa faceta imprevista da interação cósmica, os astrônomos começaram a se reinventar. As medições passivas de posições e movimentos celestes que até então definiam sua ciência não seriam de nenhuma ajuda nessa nova busca. Eles precisavam levar suas investigações ao espaço e descobrir a verdadeira natureza do Sol: de que era feito, que reações ocorriam em seu interior, o que o fazia brilhar e, é claro, o que provocava as erupções solares.

Mas, como poderiam fazê-lo?

Por coincidência, naquele mesmo ano, cientistas na Alemanha des lindaram um outro enigma solar totalmente à parte, que vinha pertur bando as mentes dos astrônomos nos últimos 58 anos. Com isso, eles lhes abriram uma nova e eficaz janela para o cosmos. Se a erupção de Carrington deu aos astrônomos o motivo para investigarem a natureza do Sol, o trabalho de Gustav Kirchhoff e Robert Bunsen, em Heidelberg, lhes forneceu os meios para executarem a tarefa.

7

Nas garras do Sol,
1801-1859

O mistério havia começado ainda em 1801, coincidentemente por volta da mesma época em que William Herschel tentava engajar a comunidade científica em uma discussão a respeito da natureza do Sol. O químico inglês William Wollaston fez a luz do sol passar através de um prisma e projetou o espectro resultante sobre uma parede que ficava a cerca de três metros. Ele notou que, cortando o arco-íris colorido, havia quatro linhas verticais escuras. Wollaston presumiu que essas linhas simplesmente representavam hiatos naturais entre as cores, e o assunto não evoluiu até que Joseph von Fraunhofer, aos 27 anos, redescobriu as linhas em 1814.

Fraunhofer era um homem com um único objetivo na vida: produzir o melhor vidro do mundo. Órfão aos 11 anos, foi forçado a trabalhar em regime de servidão para o cortador de vidros e fabricante de espelhos Philipp Anton Weichselberger. Três anos depois, foi soterrado vivo quando a oficina de seu patrão ruiu. Um tanto surpreendentemente, o evento acabou se constituindo em um feliz acaso, pois o príncipe Eleitor da Baviera,* Maximiliano IV José, estava presente quando o adolescente foi retirado ileso dos escombros, após quatro horas de

---

* Um dos príncipes alemães com direito a participar da escolha do Sacro Imperador Romano. [N. da T.]

116 OS REIS DO SOL

escavações, durante as quais já se havia encontrado o corpo esmagado da esposa de Weichselberger. Algo em Fraunhofer cativou o príncipe, que lhe forneceu livros e insistiu para que o rapaz tivesse algum tempo livre para estudar. Além do príncipe, estava presente ao resgate o político e empresário Joseph Utzschneider, que também incentivou as ambições de Fraunhofer.

Tendo ambos como patronos, Fraunhofer se aplicou aos estudos e em oito meses havia conseguido um emprego no Instituto Óptico de Utzschneider em Benediktbeuren, um antigo mosteiro, que havia então se especializado na fabricação de vidros. Deixando para trás o regime de virtual escravidão de Weicheselberger, Fraunhofer se dedicou à criação de vidros em Benediktbeuren com a paixão de um alquimista, misturando metais fundidos ao vidro em estado líquido para produzir lentes de telescópio que se tornaram motivo de inveja no mundo todo.

Enquanto testava suas lentes para ver como elas dispersavam as cores naturais, Fraunhofer redescobriu as linhas escuras no espectro solar. Ao estudá-las, viu que o padrão não mudava nunca e que algumas linhas eram profundas e negras, ao passo que outras eram meras barras de cor desbotadas. Ele designou as oito mais escuras com as letras A a H. Entre as linhas proeminentes B e H, contou mais 574 linhas de intensidade variada e passou a registrar cuidadosamente suas posições.

Durante toda sua carreira, retornou ao estudo das linhas solares. Em 1823, usou um dispositivo recém-inventado por ele mesmo, conhecido como rede de difração, para produzir um espectro mais preciso do que o obtido através de um prisma. Isso lhe permitiu ver as linhas como nunca antes e medir com exatidão o comprimento de onda das linhas mais escuras.

A seguir, Fraunhofer apontou sua rede de difração para as estrelas mais brilhantes, revelando que estas também apresentavam linhas escuras em seus espectros. As posições das linhas tinham semelhanças e diferenças em comum entre as próprias estrelas e com o Sol. O que eram essas linhas? O que significavam? Alguns acreditavam que eram defeitos dos telescópios, outros, que eram produzidas na atmosfera da Terra ou, para sua maior frustração, nas atmosferas do Sol e das outras

NAS GARRAS DO SOL   117

estrelas. Antes de conseguir chegar a uma resposta, Fraunhofer teve a vida ceifada pela tuberculose. Tinha apenas 37 anos de idade.

Vários cientistas então abandonaram o enigma das linhas ou raias de Fraunhofer, como passaram a ser conhecidas. No ano em que ele morreu, John Herschel e seu colaborador William Fox Talbot notaram que cada elemento químico, quando queimado, produzia um padrão exclusivo de linhas coloridas e registraram que: "Um rápido olhar ao espectro prismático de uma chama pode mostrar que ela contém substâncias que, de outro modo, só seriam detectadas através de uma trabalhosa análise química."

Quando se tornaram conhecidos esses "testes de chama", os cientistas especularam que talvez as linhas escuras de Fraunhofer tivessem alguma relação com as linhas brilhantes produzidas quando se queimava um elemento químico no laboratório. Nesse caso, as raias de Fraunhofer poderiam revelar a presença de vapores químicos na atmosfera do Sol e de outras estrelas. Se os astrônomos pudessem identificar os vapores que produziam as diversas raias, conquistariam um poder inacreditável: a capacidade de deduzir a composição química dos corpos celestes.

O influente filósofo francês Auguste Comte considerou a empreitada uma completa loucura, conforme escreveu em 1835: "Nós compreendemos a possibilidade de se determinar suas formas, suas distâncias, seus tamanhos e seus movimentos; porém, de forma alguma poderíamos saber como estudar sua composição química." Outros julgaram esse pessimismo profundamente equivocado e continuaram com suas investigações.

Na corrida para entender a química do espaço, durante a década de 1840, John Herschel e outros lograram fotografar o espectro solar mostrando as raias de Fraunhofer. Herschel também demonstrou que as linhas se estendiam até a região infravermelha do espectro, umedecendo uma tira de papel com álcool e colocando-a na faixa invisível do espectro, que seu pai havia descoberto além das cores visíveis. John observou que a tira secara em listras que, conforme concluiu, eram causadas pelo equivalente infravermelho das raias de Fraunhofer.

Entrementes, Fox Talbot estudava o lítio e o estrôncio, que queimavam, ambos, com uma chama vermelha. Passando essa luz através de um

118 OS REIS DO SOL

prisma, descobriu que os dois se decompunham em diferentes padrões de linhas vermelhas. Portanto, mesmo quando a cor da chama não podia fazer a distinção entre os elementos, o espectro podia. Outros perceberam que a linha D de Fraunhofer era ligada ao sódio e que havia uma semelhança suspeita das linhas vermelhas do potássio com um grupo de linhas escuras aglomerado em torno da linha A de Fraunhofer. Apesar desses progressos, havia alguns problemas.

A produção de elementos químicos puros era difícil, e a contamina ção por outros elementos introduzia suas próprias raias, deturpando os padrões exclusivos que, de outro modo, seriam obtidos. O sódio, na forma de sal, era um terror especial, pois contaminava tudo, e o mais leve traço era suficiente para produzir uma raia de amarelo vibrante na posição D. Havia também uma pedra no caminho: por que as raias de Fraunhofer eram escuras, mas as linhas obtidas no teste da chama eram claras? Enquanto isso não fosse explicado, a análise pareceria uma espécie de mágica, para que alguém tivesse confiança suficiente para aplicá-la.

Coube ao físico Gustav Kirchhoff e ao químico Robert Bunsen perceber a conexão entre as raias escuras e claras. Bunsen e seu assistente de laboratório Peter Desaga haviam aperfeiçoado um queimador de gás para testes de chama, que hoje é conhecido pelo nome do professor (bico de Bunsen), e Kirchhoff era um físico talentoso. Bunsen convenceu o mais jovem Kirchhoff a juntar-se a ele na Universidade de Heidelberg, onde poderiam trabalhar em colaboração. Ambos reconheciam no outro habilidades complementares e se dispuseram a unificar o espectro solar e os testes de chama, de uma vez por todas.

Bunsen usou sua química para produzir amostras de pureza nunca antes conseguida, permitindo que suas linhas espectrais individuais fossem medidas com segurança. Kirchhoff usou sua física para projetar equipamentos excepcionais para analisar as raias. Incapacitado devido a um acidente que sofrera anteriormente, ele manuseava com carinho o delicado equipamento no laboratório escuro, conseguindo direcionar raios de luz para o interior de seu aparelho com apurada precisão. Sua descoberta se deu no dia em que queimou uma amostra de cal (óxido de cálcio), produzindo a conhecida luz dos refletores de teatro. A substância

NAS GARRAS DO SOL 119

queimou com uma chama que produzia um movimento contínuo de cores quando decomposta por um prisma. Antes de chegar ao prisma, porém, Kirchhoff focalizou uma parte da luz através da chama de um dos bicos de Bunsen; em seguida salpicou a chama com uma pitada de sódio, fazendo-a cintilar com a luz amarela característica desse último. Na tela, ele viu a raia preta D de Fraunhofer aparecer no espectro da luz. O vapor de sódio havia absorvido da luz aquele específico comprimento de onda do amarelo e luzia por todo o laboratório na forma de uma chama amarela.

Depois, fez outro teste à luz do sol, mas dessa vez usou um elemento químico que não tinha uma raia de Fraunhofer correspondente, o lítio. Salpicando a chama do bico de Bunsen com pó de lítio, observou fascinado que uma linha escura do lítio aparecia no espectro solar. De um só golpe, Kirchhoff provou duas coisas: devia existir sódio no Sol, em vista da presença da linha D de Fraunhofer, mas não lítio, pois não aparecia uma linha de lítio. Ele havia feito o que Comte julgava ser impossível: investigou a composição química de algo sem ter na realidade retirado uma amostra para análise.

Kirchhoff perseverou em seus esforços para generalizar o conceito da análise espectral, de modo que outros pudessem empregá-la com segurança. Ao fim da pesquisa, ele teve certeza de três pontos. Primeiro, um objeto sólido quente ou um gás denso quente produzem um espectro contínuo, uma faixa compacta de cor que percorre o arco-íris, do azul ao vermelho. Segundo, um gás tênue quente produz um espectro de emissão, uma sequência de linhas de cores brilhantes, em posições que dependem da composição química do gás. Terceiro, um objeto sólido quente envolvido por um gás tênue mais frio dá um espectro de absorção, ou um espectro contínuo, do qual certos comprimentos de onda foram absorvidos, criando uma série de linhas escuras com posições idênticas às das linhas de emissão do gás. Essas regras estabeleciam o elo correto entre linhas de emissão e linhas de absorção.

Quando as notícias dessa descoberta se espalharam por todo o mundo, os astrônomos deram seus primeiros passos experimentais na nova técnica de análise espectral, através da qual detectaram a presença dos metais ferro, cálcio, magnésio e muitos outros no Sol.

Além da composição química do Sol, as leis de Kirchhoff forneceram algumas conclusões inescapáveis sobre sua natureza. Experiências conduzidas em laboratório mostraram que os metais precisavam de altas temperaturas para fundir-se e desprender vapores. Portanto, a atmosfera do Sol tinha que ser violentamente quente, a milhares de graus, para sustentar sua atmosfera de vapores metálicos. O próprio Sol devia ser ainda mais quente, a fim de emitir o espectro contínuo de luz colorida, que os gases atmosféricos então absorviam para criar as raias de Fraunhofer.

Os astrônomos deram o nome de fotosfera à camada visível do Sol e reconheceram definitivamente que não se tratava de uma camada de nuvens luminosas envolvendo um corpo sólido. Nada poderia se manter sólido em temperaturas acima de milhares de graus.

Acima da fotosfera ficava a atmosfera solar, cujos vapores metálicos produziam as raias de Fraunhofer, quando a luz da fotosfera escapava através dela para o espaço. O único fator a causar confusão era que a luz solar então teria que atravessar a atmosfera terrestre. Isso significava que algumas das raias de Fraunhofer deviam ser fictícias, produzidas por elementos químicos da atmosfera da Terra, e não do Sol. À medida que mais astrônomos passavam a estudar o espectro solar, tornou-se claro que as raias de Fraunhofer se dividiam em dois tipos: as que permaneciam inalteradas e aquelas em que o tom escuro variava ligeiramente durante o dia. Os astrônomos logo perceberam que as linhas variáveis dependiam da posição do Sol no céu. Quando estava mais baixo, sua luz atravessava mais camadas da atmosfera terrestre e algumas das raias de Fraunhofer se aprofundavam. Essas linhas, portanto, representavam os elementos químicos de nossa atmosfera. As linhas que permaneciam constantes revelavam os elementos químicos na poderosa atmosfera solar.

A análise espectral tornou-se a nova astronomia entre os amadores abastados. Um homem que deveria estar na vanguarda dessa revolução era Richard Carrington. Seu instinto para invenções tecnológicas e suas meticulosas observações do Sol deveriam tê-lo colocado no papel de pioneiro. Porém, ele se encontrava em meio a uma crise pessoal.

8

O maior de todos os prêmios,
1860-1861

Sob o verniz do sucesso científico de Carrington, havia os aborrecimentos desgastantes das obrigações familiares. Após a morte do pai, sua esperança era transferir gradativamente a administração da cervejaria para subordinados e retornar à astronomia. Os anos se sucediam, contudo, e ele se convenceu que os negócios requeriam sua total atenção. Amarrado por essas responsabilidades e obrigado a viajar entre Redhill e Brentford, lutou para manter suas observações do Sol. A cada dia em que lograva registrar as manchas solares, os novos dados só aumentavam sua carga de trabalho de cálculos matemáticos.

E sua situação ficou ainda pior quando finalmente teve notícias dos curadores do Observatório Radcliffe, da Universidade de Oxford. Quinze meses haviam decorrido desde a morte prematura de Manuel Johnson e a primeira candidatura de Carrington ao posto. Dois outros pretendentes haviam se apresentado: um foi Robert Main, de 52 anos, primeiro assistente de Greenwich, que havia sucedido Johnson como presidente da RAS e concedido a medalha de ouro a Carrington por seu catálogo de Redhill; o outro, Norman Pogson, de 31 anos, havia trabalhado anteriormente como assistente de Johnson em Radcliffe, mas deixara o emprego quando o salário se tornou insuficiente para sustentar sua família em crescimento.

122 OS REIS DO SOL

Numa atitude estranha, os curadores publicaram um novo anúncio para preencher o prestigioso cargo, sem chamar nenhum dos candidatos originais para entrevista. A desculpa para esse hiato foi que estavam procurando obter sugestões para os rumos do futuro trabalho no observatório. Aproveitaram também a oportunidade para reduzir o salário originalmente oferecido de £600 para £500. Como o novo anúncio não atraiu outros candidatos, eles tomaram uma decisão, e esta não foi favorável a Carrington. Quem conseguiu o emprego foi Robert Main. Nenhum dos candidatos havia sido chamado para a entrevista. Os curadores se guiaram por uma recomendação de três páginas de George Airy, sob cujas ordens Main havia trabalhado nos últimos 23 anos.

Airy escreveu ao rejeitado Pogson, apresentando uma franca avaliação de seu favoritismo, em lugar de uma desculpa: "As reivindicações do Sr. Main ... são para mim como as de um filho para o chefe da família. Isso praticamente me impede de falar a favor de qualquer outra pessoa."

Para Carrington, nenhuma palavra. Na verdade, o relacionamento entre os dois havia se tornado tenso. O hábito de Carrington de comentar o trabalho de Greenwich, que a princípio Airy havia aceitado de bom grado, de algum modo havia ultrapassado a linha da crítica indesejável. Circulavam histórias de que os dois haviam se desentendido em reuniões do conselho da Royal Astronomical Society. Para acentuar sua animosidade, Airy acabou se desligando do RAS Club, um círculo restrito de membros que costumavam jantar juntos antes das reuniões propriamente ditas, porque Carrington "tranquilamente acendeu um charuto" em um desses jantares.

Deve ter havido outro motivo para facilitar a decisão dos curadores de rejeitar Carrington. O Observatório Radcliffe sofria de falta de dinheiro, e eles sabiam muito bem que alguns dos equipamentos precisavam ser modernizados, se quisessem se equiparar a Greenwich e Cambridge. Considerando a forma impetuosa como Carrington deixara Durham oito anos antes, por causa de sua luta para conseguir equipamento novo, os curadores devem tê-lo julgado incapaz de trabalhar dentro do magro orçamento de que dispunham.

Qualquer que tenha sido a razão, essa rejeição só fez aprofundar a crise de Carrington. Para ele, continuar como astrônomo seria, no momento, o maior de todos os prêmios. Com um salário garantido, ele se livraria do fardo da cervejaria de seu pai e voltaria a dedicar-se à ciência, em especial a suas observações solares. Enquanto esse tempo não chegava, o trabalho dos outros astrônomos continuava, deixando-o para trás.

Por essa época, Warren de la Rue estava fotografando rotineiramente o Sol em Kew, usando o foto-heliógrafo que ele havia desenvolvido. Essa câmera telescópica singular capturava em um momento o que Carrington levava horas para desenhar e medir. De la Rue estava tão convencido do lugar da fotografia na astronomia que sonhava com um feito que provasse de uma vez por todas o valor dessa técnica.

Estava previsto um eclipse total do Sol, que seria visível na Espanha. Nos parcos minutos de sombra total, quando se revelavam as pálidas raias luminosas da atmosfera exterior do Sol, os observadores sempre lutavam para registrar os detalhes com rapidez e precisão. Desenhos e relatos de testemunhas sempre divergiam. De la Rue se perguntava se o foto-heliógrafo poderia captar o momento em que a Lua bloqueasse a luz do Sol e mergulhasse nas trevas o espaço circundante.

Ele entrou em contato com Carrington e outros que haviam assistido ao eclipse solar de 1851 na Suécia, pedindo orientação. Em particular, ele queria saber qual seria a intensidade do brilho da coroa branca e das chamas rosadas, ou protuberâncias, como eram chamadas. As respostas não o animaram muito. De acordo com os astrônomos com os quais falou, a estimativa era que a atmosfera do Sol teria um brilho não muito mais forte do que o da Lua cheia. Isso era preocupante, pois a fotografia estava em sua infância e ainda não possuía bastante sensibilidade para objetos pálidos, portanto De la Rue decidiu testar o foto-heliógrafo. Esperou pela próxima Lua cheia visível, e expôs várias chapas. Revelando-as imediatamente, suas ambições sofreram um golpe. As fotografias não conseguiram captar nem a mais tênue imagem do satélite da Terra.

Embora com reduzidas chances de sucesso, assim mesmo ele decidiu transportar o equipamento para a Espanha. Pelo menos poderia captar imagens do Sol parcialmente encoberto, ainda que a glória completa do eclipse total escapasse ao alcance de suas fotografias.

A Espanha ficava relativamente próxima da Inglaterra, mas as viagens à península Ibérica não eram comuns; como resultado, o transporte para aquele país e dentro de seu território era raro e caro. Um empecilho adicional eram as altas taxas alfandegárias para entrar com o equipamento. De la Rue contava financiar a expedição com os lucros de sua gráfica, mas, certo dia, foi procurado por George Airy. O Astrônomo Real considerava que o eclipse era suficientemente importante para começar a tratar de obter ajuda oficial. Ele pediu que De la Rue fizesse um orçamento para o transporte do equipamento de Kew. A seguir, requisitou um navio do almirantado para levar algumas equipes de astrônomos com seus equi‿pamentos para a Espanha. Pediu ao governo britânico para negociar a isenção dos impostos alfandegários para a expedição. De sua parte, ele próprio fez a avaliação dos astrônomos que desejavam fazer a viagem, solicitando que todos lhe submetessem um plano detalhado de seu local de observação, das necessidades de acomodações e do projeto científico. Como era de seu feitio, Airy não via com bons olhos qualquer potencial observador do eclipse que ele julgasse estar simplesmente interessado em assistir aos aspectos pitorescos do desaparecimento temporário do Sol. Como o governo estava pagando a conta, ele exigia resultados científicos tangíveis para provar que o dinheiro não fora mal empregado.

Na reunião seguinte da Royal Astronomical Society, os membros presentes trocaram informações e palpites sobre o próximo eclipse. Carrington, apesar de não poder viajar devido às suas responsabilidades, exibiu uma ocular especialmente concebida que tornaria mais fácil e, portanto, mais rápida a medição dos ângulos durante os breves minutos da totalidade.

Baseado em suas próprias experiências por ocasião do eclipse de 1851, já havia escrito um livreto para preparar os observadores para o

O MAIOR DE TODOS OS PRÊMIOS

acompanhamento de eclipses. Em especial, queria que eles prestassem atenção em qualquer atividade relacionada com as manchas solares e deixava claro que a razão para se observar o Sol era "chegar ao segredo da verdadeira causa do enorme poder radioativo do Sol". Os astrônomos sabiam que o Sol não era uma bola incandescente ou um inferno quimicamente gerado; tais processos simplesmente não poderiam produzir energia suficiente. A fonte da energia continuava um mistério além do entendimento, e assim ficaria durante décadas, até que o conceito de energia nuclear literalmente explodisse na imaginação humana no século XX.

No livreto, escrito antes da desavença entre Airy e Carrington, este fazia considerações sobre uma controvérsia não resolvida a respeito de um eclipse. Em 1836, Francis Baily, um dos membros fundadores da Royal Astronomical Society, estava observando um eclipse. Quando a Lua completou seu posicionamento sobre o disco do Sol, a última fina faixa de luz solar se fragmentou como um fio de contas. Depois dessa descrição, outros observadores começaram a informar ter visto as tais Contas de Baily. Airy, por sua vez, nunca percebeu os pontos coloridos, e Carrington impensadamente atribuiu o fato às superiores qualidades astronômicas de Airy, opinando que as Contas de Baily eram decorrentes de telescópios defeituosos. Ele chegou a escrever que o defeito era tão óbvio que muitos instrumentos podiam vir com a inscrição: "Visão das Contas de Baily garantida." Na realidade, Airy era um observador medíocre, que transferia seus deveres para a equipe de Greenwich. As Contas de Baily eram reais, e sua beleza era causada pelos últimos raios do Sol dardejando através dos vales entre as montanhas da Lua.

Seguindo a opinião de Airy, Carrington enfatizou a necessidade de relatórios científicos objetivos, observando que as estranhas sensações de temor experimentadas por alguns observadores haviam sido devidamente notadas e, portanto, "as pessoas que venham a testemunhar um eclipse talvez nos poupem da desnecessária expansão de seus sentimentos ou do estado de seus nervos, além do que possa ser necessário para que outros julguem se eles tiveram suficiente controle sobre si mesmos, de modo a assegurar que seus relatos inspirem confiança". Revelou então

126 OS REIS DO SOL

que ele próprio não havia nutrido quaisquer sentimentos de temor no eclipse de 1851 e conjecturava se isso se devia ao fato de ter sido alertado de antemão.

Além das observações do Sol, havia uma considerável excitação no seio da comunidade astronômica sobre a possibilidade de o eclipse revelar um mundo interior, que muitos pensavam existir entre o Sol e Mercúrio. Nesse caso, seria uma visão histórica, pois os planetas Vênus, Mercúrio, Júpiter e Saturno também estariam nas proximidades do Sol e ficariam visíveis no momento da totalidade. Como preparação, Carrington reviu sua coletânea de observações de astrônomos de todo o mundo que afirmavam ter visto silhuetas anômalas contra a superfície do Sol, alguma das quais poderia ser o suposto mundo.*

Ele também comunicou uma fórmula matemática para deduzir as coordenadas das manchas solares, conforme registradas numa coleção de três volumes de observações solares realizadas por J. W. Pastorf, astrônomo alemão de Drossen, e que John Herschel havia doado recentemente para os arquivos da Sociedade. Ele rogou aos membros reunidos que alguém "com mais tempo livre" aceitasse o desafio de efetuar os cálculos matemáticos, para que a coleção de potenciais dados, que abrangiam o período de 1819 a 1833, pudesse ser transformada em conhecimento aproveitável. Admitiu não haver probabilidade de ele conseguir devotar o tempo necessário à tarefa, pois estava lutando para manter seu próprio programa de observações solares. Não deve ter sido nada fácil para Carrington fazer tal admissão. Quando um grande conjunto de dados que reproduziam algumas das estrelas que ele estava medindo para seu catálogo foi revelado, ele encontrou tempo para incluí-lo em sua própria obra. Apenas um ano antes, ao receber a medalha de ouro da RAS pelo catálogo, havia sido elogiado por sua perseverança. Agora ele precisava pedir a ajuda de seus pares.

---

* Somente no século XX os astrônomos vieram a abandonar sua crença no mundo intramercurial, Vulcano. A teoria da relatividade geral de Einstein finalmente explicou a órbita peculiar de Mercúrio, desmentindo a necessidade da atração gravitacional de um planeta oculto.

O MAIOR DE TODOS OS PRÊMIOS

Quanto ao próximo eclipse, alguns cientistas especulavam que, dada a turbulência magnética associada ao Sol após a erupção de Carrington, poderia haver algum efeito magnético perceptível no momento em que a Lua bloqueasse a influência do Sol sobre a Terra.*

Tendo assegurado a promessa de apoio governamental, Airy informou a De la Rue que a embarcação da Marinha Real *HMS Himalaya* transportaria os vários grupos de astrônomos e seus instrumentos para a Espanha. De la Rue começou seus preparativos. Escolheu uma equipe de quatro para acompanhá-lo na viagem e supervisionou a construção de um observatório feito de madeira, que poderia ser facilmente desmontado para o transporte e remontado na Espanha. A pequena construção abrigaria o telescópio e serviria como câmara escura provisória para revelar imediatamente as chapas fotográficas. Uma pia e uma caixa-d'água foram instaladas na sala de revelação, e o conjunto foi coberto com uma grande lona, dando-lhe a aparência de uma tenda. A seguir, numeraram cuidadosamente cada componente e arrumaram tudo em uma embalagem compacta para a viagem. Só não conseguiram levar uma coisa: o suporte em ferro fundido para o foto-heliógrafo, pois era muito pesado; De la Rue então mandou fazer um novo, também de ferro fundido, mas em peças que se encaixavam e que podiam ser levadas separadamente.

Em 5 de julho, De la Rue despachou todas as duas toneladas de equipamento para Plymouth, e no dia seguinte viajou para lá. Ele e sua equipe e mais algumas dezenas de astrônomos de outros grupos passaram a noite se ajeitando com os beliches do *Himalaya*, que zarpou para a Espanha na maré matutina do dia 7 de julho de 1860. Dois dias depois, um pequeno vapor veio ao seu encontro e guiou a embarcação até o porto de Bilbao.

Enquanto os astrônomos pernoitavam em Bilbao para descansar e desfrutar da hospitalidade local antes de se dirigirem para seus diferentes postos, o equipamento de De la Rue iniciou sua jornada de pouco mais

---

* Nenhum efeito foi detectado, provavelmente porque os instrumentos não possuíam sensibilidade suficiente. Os instrumentos modernos conseguem registrar um efeito provocado pelo bloqueio da radiação ultravioleta do Sol por parte da Lua, pois, caso contrário, o ultravioleta atingiria a ionosfera terrestre, promovendo efeitos magnéticos ali.

de 100 quilômetros, do litoral até o local escolhido para suas observações. A princípio, ele havia selecionado a antiga povoação romana de Santander, mas foi aconselhado a seguir para o lado sul dos Pireneus para evitar a névoa marinha que cobria a costa da baía de Biscaia. Assim, ele optou pela aldeia agrícola de Rivabellosa. Só quando seu grupo começou a viagem no dia seguinte, ele percebeu exatamente o que sua escolha acarretava. O caminho era tortuoso. Enquanto o grupo prosseguia aos solavancos, viajando durante a noite e entrando pelo outro dia, De la Rue, independentemente de seu desconforto pessoal, pensava o tempo todo no delicado equipamento também submetido aos sacolejos. Ele temia, em particular, pelos três cronômetros. Embora tivesse acondicionado pessoalmente cada um em uma caixa especial de madeira, preenchida com aparas de madeira como proteção, ele não havia imaginado que os rigores da viagem seriam de tal monta.

Assim que chegou a Rivabellosa, abriu as caixas dos cronômetros e viu que seus piores temores pareciam ter-se concretizado. Um havia sido severamente danificado na viagem. A tampa de vidro do mostrador se soltara, mas felizmente não se quebrou, e o cronômetro havia trabalhado sem sua proteção. Um exame cuidadoso dos ponteiros mostrou que não havia maiores danos, e De la Rue remontou cuidadosamente o delicado relógio.

Apesar desse contratempo, tudo o mais correu tranquilamente. Ele verificou o local exato onde montaria seu observatório de madeira. Tratava-se de um trecho plano de terra batida, usado para debulhar o trigo. O intérprete do grupo indagou sobre o aluguel do terreno e descobriu que a colheita havia apenas começado e que o espaço seria usado para seu propósito específico no dia seguinte. Quando o intérprete explicou ao fazendeiro o objetivo histórico da expedição, este imediatamente concordou em fazer a debulha em outro local e, melhor ainda, não quis receber qualquer remuneração pelo uso de sua propriedade.

Ainda havia uma semana até o eclipse, e o grupo começou os preparativos. Um jovem criado do local, chamado Juan, juntou-se à equipe; ele se mostrou rápido no aprendizado e ajudava em tudo que pudesse. Juntos montaram o observatório no terreno e instalaram o foto-heliógrafo; um segundo telescópio foi preparado para De la Rue observar o eclipse e

O MAIOR DE TODOS OS PRÊMIOS

fazer o desenho, como garantia, pois ele ainda não tinha certeza se o foto-heliógrafo conseguiria captar os tênues traços da atmosfera solar.

Com tudo montado, a tarefa seguinte foi determinar exatamente as coordenadas do local de observação. Quando o Sol estava a pino, verificaram os relógios que haviam sido acertados pelo horário médio de Greenwich antes de partirem, para ver a diferença que marcavam do meio-dia. Essa diferença lhes permitia calcular a longitude em que se encontravam. À noite, mediram as altitudes das estrelas mais brilhantes para calcular a latitude. Com sua posição bem-estabelecida, começaram os ensaios para o dia, observando o Sol, tirando e revelando fotografias. Descobriram que a lona da tenda tinha que ser borrifada com água, para manter fresca a câmara escura, caso contrário o calor da Espanha velaria as chapas fotográficas, estragando as imagens.

Quando as notícias sobre o acampamento se espalharam, cada vez mais pessoas vinham procurar informações sobre o trabalho e sobre o espetáculo do eclipse aguardado. Autoridades locais vieram visitar os astrônomos e os advertiram para esperar uma grande multidão de curiosos no dia. Prevendo que a aglomeração teria que ser controlada, prometeram mandar guardas.

Dois dias antes do evento, o tempo fechou. Trovoadas violentas sacudiram Rivabellosa quase ininterruptamente. De la Rue observava tudo com um misto de temor e abatimento. Também no dia seguinte o céu permaneceu envolto em nuvens, mostrando apenas um brevíssimo vislumbre do disco solar por volta do meio-dia.

O dia do eclipse, 18 de julho de 1860, chegou e os homens olhavam apreensivos para o céu cinzento. De la Rue não conseguira descansar, por causa da ansiedade a respeito do tempo que não estava ajudando. Todos os preparativos, todo o trabalho e os gastos, ao que parecia, iam dar em nada. Então, às 10 horas da manhã, ele viu a primeira pequena nesga de céu limpo, e a multidão esperada começou a se reunir em torno do observatório improvisado. Ao meio-dia, duas horas antes do início previsto do eclipse, o céu de repente clareou. Havia pouco vento para afastar as nuvens; elas simplesmente se dissiparam, mostrando um luminoso trecho de céu azul e o disco amarelo do Sol.

130 OS REIS DO SOL

Para expressar sua gratidão pela ajuda de Juan, De la Rue apanhou um pedaço de vidro e o esfumaçou com um fósforo, oferecendo-o ao jovem criado, para que ele pudesse observar o eclipse através do vidro escurecido. Em seguida, tomou seu lugar ao telescópio.

Cada vez mais gente ia chegando, enquanto os astrônomos se ocupavam com seus nervosos preparativos finais. O barulho da multidão foi crescendo até tornar-se uma cacofonia, abafando o tique-taque dos grandes cronômetros que De la Rue esperava ouvir, a fim de marcar o tempo das fases do eclipse. Ele decidiu então recorrer ao seu relógio de bolso em rápidas consultas. Avistou Juan, entretido em febril atividade, esfumaçando outros pedaços de vidro para os espectadores insistentes. O rapaz sustentava a chama sob o vidro o máximo possível antes de se livrar dos palitos de fósforo, para não queimar os dedos.

Pouco depois, o chão tremeu ao som de cascos, quando cinco guardas montados entraram na aldeia. Eles se colocaram à disposição dos astrônomos e definiram um perímetro em torno do sítio da observação, proibindo que a massa de duzentas pessoas o ultrapassasse. Os guardas eram uma presença bem-vinda; antes de sua chegada, a curiosidade havia se apossado de alguns espectadores, que se acercavam do observatório de madeira para dar uma espiada no equipamento estranho e em seus operadores humanos, tendo que ser afastados pelos astrônomos.

Vinte minutos antes da hora prevista, De la Rue teve sua atenção despertada por um cheiro alarmante. Algo estava queimando. O crepitar de uma fogueira o fez procurar ver o que ocorria. Os fósforos que Juan jogara fora haviam ateado fogo em alguns grãos que haviam ficado no terreno. De la Rue agarrou o balde de água usado para umedecer a tenda e correu para extinguir o fogo antes que se alastrasse para mais perto de seu vulnerável observatório de madeira.

Voltando a seu posto, esperou ansiosamente. Ao aproximar-se a hora marcada, pediu a sua equipe para preparar a primeira chapa. Seus auxiliares fixaram os produtos químicos e introduziram as chapas no foto-heliógrafo, mas o momento do primeiro contato da sombra da Lua com o Sol não chegou conforme o esperado. Perplexo, De la Rue conferiu a hora nos relógios e descobriu seu erro. Seu relógio de bolso

O MAIOR DE TODOS OS PRÊMIOS

estava adiantado em cerca de 8 minutos e 11 segundos. Com horror, ele se deu conta de que as delicadas chapas quimicamente tratadas não aguentariam aquele tempo e deu ordens para que outras fossem preparadas o mais depressa possível.

Ele viu a sombra da Lua dar sua primeira mordida cautelosa no disco do Sol às 13h56 da tarde, mas as chapas só ficaram prontas às 14h02, quando foram inseridas e expostas. As fotografias então continuaram a ser tiradas durante todo o eclipse. Dez minutos depois, quando a Lua encobriu um grupo de manchas solares, nuvens se formaram naturalmente, empanando o Sol. Os astrônomos interromperam as observações e aguardaram ansiosamente por seis minutos até as nuvens se dissolverem, voltando depressa às suas tarefas.

À medida que o Sol ia desaparecendo por trás da Lua, De la Rue notou que o azul do céu dava lugar a uma cor de anil. À sua volta, a paisagem assumiu um tom de bronze. Ele ficou imaginando o que a análise espectral de Kirchhoff e Bunsen revelaria a respeito dessa alteração nos raios solares. Quando a Lua reduziu o Sol a um fino crescente, ele viu as sombras provocadas pelo equipamento se tornarem subitamente bem marcadas, lembrando-lhe as sombras bem-definidas produzidas pelas lâmpadas elétricas. Quando finalmente o eclipse atingiu sua totalidade, tudo ficou escuro e os espectadores reunidos de repente se calaram. Os sinos das igrejas soaram por todo o vale. De la Rue começou a desenhar o que via pelo telescópio. Ele conseguiu distinguir a superfície lunar tingida de sépia que estava na frente do Sol, mas teve sua atenção atraída para as protuberâncias de fogo rosado que surgiram por trás da Lua.

Tendo terminando seu primeiro desenho, De la Rue olhou para o céu a olho nu. Em torno das raias pálidas da coroa solar, o céu era de um anil profundo, passando para vermelho e laranja pronunciados no horizonte. Incrustados nesse céu incomum apareciam Vênus e Júpiter como alfinetes cintilantes. Seu olhar viajou pela paisagem e ele viu o grandioso espetáculo das montanhas que haviam se tornado azuis, sob o manto da sombra da Lua. Fascinado pela extraordinária beleza do evento, lamentou o fato de ter assumido responsabilidades científicas. E prometeu a si mesmo que, caso ocorresse outro eclipse, se juntaria à multidão, dedicando-se apenas a regalar-se com o espetáculo. Feita a promessa, desviou os olhos do ambiente ao seu redor para fixá-los novamente à ocular do telescópio e retomar seus desenhos.

À sua volta, a tomada de fotografias continuava. Uma chapa já havia sido exposta durante a fase total e estava sendo imersa no banho revelador na parte posterior da tenda. Uma segunda chapa estava sendo inserida no foto-helioscópio. Quando De la Rue iniciou seu segundo desenho, não conseguiu mais conter sua curiosidade. Gritou em direção à câmara escura, pedindo notícias do progresso, e se emocionou ao ouvir a resposta animada: a fotografia fora um sucesso e as protuberâncias eram visíveis na chapa. Ao ouvir isso, De la Rue sentiu um frêmito de intenso prazer. Ele e sua equipe haviam feito o que ninguém conseguira antes: captar para a posteridade o momento máximo de um eclipse.

Animada pelo sucesso, a equipe continuou a trabalhar por algumas horas, até após a volta da luz à terra. Eles desenharam e mediram e fotografaram enquanto a sombra da Lua se afastava completamente do Sol. No dia seguinte, George Airy, que havia percorrido os vários grupos de observadores na Espanha, chegou a Rivabellosa. Ele examinou as fotografias do eclipse com grande satisfação, elogiando De la Rue e sua equipe por seus esforços. Quando a expedição retornou à Inglaterra, o triunfo de De la Rue foi celebrado por todo o país. Contudo, o que ninguém percebeu na ocasião foi que durante o eclipse o Sol havia mostrado algo extraordinário em sua atmosfera exterior — algo que, se tivesse tido sua importância reconhecida, teria proporcionado a pista para se descobrir como a erupção de Carrington havia desencadeado a subsequente tempestade magnética.

No dia do eclipse de 1860, a rotação da Terra havia arrastado a rota da totalidade pelo Canadá, por um pedacinho dos Estados Unidos, sobre o Atlântico, através da Espanha e do norte da África, antes que o alinhamento dos corpos celestes se rompesse e a sombra da Lua deixasse a superfície da Terra. Um dos primeiros a ver o fenômeno foi um certo sr. Gillis, um experiente observador de eclipses, da Guarda Costeira dos EUA, que tomou posição em Steilacoom, perto da atual Tacoma, Washington, no Puget Sound, antes do alvorecer.

O MAIOR DE TODOS OS PRÊMIOS

Quando o Sol surgiu no local, a sombra da Lua já estava claramente visível sobre uma parte do disco do Sol.

Quando a Lua completou seu movimento, a radiosa coroa ficou visível e Gillis notou que daquela vez ela estava especialmente magnífica, com grandes línguas de uma fantasmagórica luz branca estendendo-se do disco negro do satélite. Ele sabia que tinha apenas alguns minutos para assimilar aquela visão e fez força para concentrar-se primeiro na brilhante coroa interior que cingia a Lua. Havia dez ou mais chamas rosadas que partiam da luz branca da coroa. Após observar cada uma, ele voltou sua atenção para a coroa, destacando-a do Sol e concentrando-se nos detalhes indistintos. E concluiu que a coroa era formada apenas por feixes radiais, alguns espessos e alguns mais delgados, com interstícios escuros entre eles. Todos apontavam para fora do Sol.

Enquanto isso, em Ungava Bay, na península de Labrador, o astrônomo R. N. Ashe estava frustrado. O eclipse só deveria começar dentro de uma hora, mas o céu continuava teimosamente cheio de nuvens esparsas. Tudo o que ele podia fazer era esperar por uma abertura no tempo certo. Deixou seu telescópio de 3 polegadas preparado e aguardou. Quando o eclipse atingiu a totalidade, o mundo ao seu redor mergulhou na escuridão e ele olhou esperançoso pela ocular. As nuvens se abriram, revelando a coroa como um halo brilhante em torno da Lua. Assim que começou a observar o espetáculo, um lampejo brilhante atraiu seu olhar. No quadrante sudoeste da coroa, ele viu "uma chama branca, arremessando-se para cima até uma distância considerável". Embora brilhante, ela possuía a mesma característica leitosa que o restante da luz da coroa, e dava a impressão de que algo havia sido ejetado da superfície do Sol. Antes que Ashe pudesse ver mais, as nuvens reafirmaram sua autoridade, bloqueando sua visão. Alguns momentos mais e a luz voltou à terra, quando o eclipse terminou no seu ponto de observação, deixando-o a imaginar o que poderia ter sido aquele clarão branco.

Duas horas se passaram até que o inexorável giro da Terra alinhasse o Sol e a Lua sobre a Espanha, onde muitos astrônomos europeus aguardavam. Quando a escuridão temporária deslizou sobre a costa da baía de Biscaia, vários observadores notaram uma perturbação no sudoeste da coroa. Em lugar de uma emissão reta de luz da coroa, semelhante a um raio de roda, uma raia se curvou suavemente para fora até aproximadamente dois raios da circunferência do sol. Vários minutos depois, observadores de visão aguçada no centro da Espanha registraram em seus cadernos de desenho que uma segunda emissão viera juntar-se à outra. Originando-se no mesmo ponto da superfície solar, mas curvando-se na direção oposta, a figura formada, quando completa, parecia o contorno de uma tulipa. Quando o eclipse alcançou a costa mediterrânea da Espanha, onze minutos haviam transcorrido desde a primeira aproximação no país, e os astrônomos nesse lado viram uma nova evolução. A tulipa se desprendeu do Sol para formar uma bolha oval separada na própria coroa.

As últimas descrições do eclipse foram registradas na Argélia, vinte minutos depois que o evento deixou de ser visto na Espanha. Engenheiros militares franceses em Batna e um astrônomo em Lambesa comentaram a perturbação no sudoeste. Todavia, nenhum astrônomo pensou em investigar o que a bolha na coroa representava após o eclipse. Pior ainda, alguns até duvidaram do fato.

Apesar de vários observadores terem considerado a bolha "espetacular", um em cada três dos que assistiram ao eclipse nem a notou. Talvez alguns fossem observadores não preparados, ou estivessem usando equipamento inferior, ou simplesmente não tivessem tido tempo de notá-la durante os poucos e breves minutos da totalidade. Um dos que deixaram de ver a bolha foi o altamente respeitado astrônomo padre Pietro Angelo Secchi. Ele era o responsável pelo Observatório do Vaticano em Roma e isso lhe conferia uma elevada reputação em toda a Europa. Suas qualidades como observador normalmente eram aguçadas. Ele traçou um dos primeiros mapas de Marte e descobriu novos aspectos da superfície do Sol. Contudo, no dia em que observou o eclipse de 1860 no deserto de las Palmas, não avistou a bolha e, assim, o fenômeno enfrentou um sério problema de credibilidade.

Tais discrepâncias nos relatórios do eclipse fizeram com que os astrônomos abandonassem os desenhos, favorecendo a crescente convicção de que somente observações registradas em fotografias seriam dignas de confiança. A fotografia estava se tornando rapidamente o meio preferido para captar a mais pura essência da natureza, livre da interpretação humana. As esplêndidas imagens do Sol captadas por De la Rue durante o eclipse encarnavam o novo modo de pensar. Como haviam registrado apenas as protuberâncias e a brilhante coroa interior, e não a coroa exterior mais pálida onde a bolha fora visível, as fotografias não foram suficientes para resolver a discussão.

Na realidade, a bolha era uma emissão de partículas solares que às vezes ocorre juntamente com uma erupção solar e que, quando dirigida para a Terra, colide, causando tempestades magnéticas. Porém, com um conhecimento tão limitado do que era a coroa solar, sem falar da natureza das partículas solares eletrificadas, o significado da observação lhes escapou. Talvez se a bolha apontasse para a Terra e uma grande aurora magnética ocorresse na noite seguinte, os astrônomos lhe tivessem dado mais atenção. De qualquer forma, a despeito do fato de dois terços dos observadores terem visto a estrutura, ela foi quase ignorada. Se chegou a ser discutida, sua realidade sempre foi posta em dúvida.*

No outono de 1860, o professor James Challis, que em 1846 havia deitado a perder a descoberta de Netuno, discretamente solicitou permissão para deixar seu posto de diretor do Observatório de Cambridge, mantendo, porém, seu cargo de professor de astronomia, a cobiçada cátedra Plumiana. A universidade convocou uma comissão especial para discutir seu pedido e determinar como preencher sua vaga.

Carrington foi informado dessa oportunidade em janeiro de 1861, junto com uma mensagem de Challis para aguardar novas instruções sobre a forma de candidatar-se. Já havia sido discutido anteriormente que

---

* Somente um século depois é que a estação espacial Skylab da Nasa viria a fotografar regularmente a coroa solar e registrar imagens de erupções que lembravam os desenhos de 1860. Isso estimulou J. A. Eddy, do Observatório de Grandes Altitudes, a reabrir a discussão acerca da realidade do evento de 1860.

o posto de diretor do observatório deveria ser independente, e não uma atribuição adicional de uma das cátedras de astronomia, que tendiam a ser ocupadas por matemáticos, cuja especialidade era a astronomia teórica. Fazer observações não era mais uma questão de olhar através do telescópio e especular, tornara-se uma ciência exata por si só. Assim, havia uma crescente divisão entre as habilidades dos teóricos e dos observadores. Carrington havia se dedicado para tornar-se o melhor observador de sua geração.

No papel, Carrington era a escolha perfeita para o posto em Cambridge. Ele havia se formado naquela universidade, conseguira alcançar os mais altos escalões da ciência, era membro da Royal Society, bem como associado importante da Royal Astronomical Society. Ele por certo se considerava uma escolha natural, e sem perder tempo começou a arregimentar aliados. Escreveu a John Herschel pedindo apoio, e, talvez consciente da experiência em Oxford, também a Airy, a despeito de suas diferenças, pedindo explicitamente sua ajuda para conseguir o posto em Cambridge. Havia na carta de Carrington uma nota de desespero, pois revelava a Airy que seus impedimentos eram tão grandes que ele quase abandonara o trabalho astronômico e que, sem a segurança do posto em Cambridge, em breve teria que renunciar a qualquer esperança de continuar como astrônomo.

Airy recusou-se a ajudar, dizendo que o assunto não era de sua conta, mas, mesmo que fosse, ele achava que as atribuições do observatório deviam ser separadas da cátedra Plumiana e transferidas para o titular da cátedra Lowndeana de astronomia e geometria. Carrington deve ter julgado que a sugestão do Astrônomo Real era uma espécie de pilhéria. Ela não fazia sentido, pois a cátedra Lowndeana havia passado, em março de 1859, a John Couch Adams, um teórico. Com tal medida, Cambridge só conseguiria um diretor de observatório totalmente inadequado.

Carrington esperou pelo anúncio público da disponibilidade do cargo, mal sabendo que em Cambridge já estavam se realizando negociações a portas fechadas. De forma suspeita, os planos da comissão coincidiam exatamente com a sugestão de Airy. Em uma reunião dessa comissão especial, da qual Adams era membro, o teórico recebeu um pedido para

O MAIOR DE TODOS OS PRÊMIOS

aceitar as responsabilidades do observatório, além de suas obrigações como professor. Ele se mostrou muito pouco entusiasmado, salientando que estava longe de ser a pessoa ideal para o cargo e recomendando que a universidade criasse um posto e indicasse um diretor exclusivo. Seus colegas da comissão não se impressionaram com sua opinião e reiteraram seu desejo de que ele ocupasse a função.

Sentindo-se pressionado, Adams enviou uma carta particular ao vice-chanceler da universidade, expondo as razões que o faziam julgar-se inadequado para dirigir o observatório: "Sinto que poderia contribuir mais para o progresso da ciência e para o bom nome da Universidade, continuando a cultivar o ramo da astronomia ao qual até o momento tenho dado minha atenção quase exclusiva", escreveu, referindo-se à teoria matemática. Em seguida, reiterou sua opinião de que a diretoria do observatório deveria ser um posto independente, ocupado por um observador experiente.

Porém, suas alegações não foram consideradas, e Adams acabou por concordar em assumir a tarefa, contanto que algumas condições extraordinárias fossem atendidas. A primeira, que ele não precisaria fazer observações; a segunda, que não teria que converter as medidas observadas em dados utilizáveis; e a terceira, que, caso as obrigações administrativas associadas ao cargo viessem a ser excessivas, ele poderia demitir-se. Surpreendentemente, a comissão concordou que os assistentes poderiam realizar todas as observações e as reduções matemáticas sob o controle indulgente de Adams.

Quando Carrington soube da notícia, ficou arrasado. Não haveria convocação pública para os candidatos e nenhuma renovação para o observatório, apenas um apressado remanejamento administrativo. Ele mal podia acreditar. Aflito, escreveu a Herschel dizendo que sua carreira na astronomia estava encerrada. A essa altura, não tendo nada a perder, Carrington resolveu lutar até o último cartucho por seu retorno à astronomia profissional.

Em 13 de abril, ele escreveu ao vice-chanceler da Universidade de Cambridge, para discordar da decisão de se indicar um teórico para um cargo de astronomia prática. Nessa carta ele fazia uma forte insinuação

138 OS REIS DO SOL

de que, acima e além de seu próprio interesse no assunto, tal atitude beirava a imbecilidade. Eis suas palavras:

A diretoria de um observatório público não é igual à curadoria de uma biblioteca ou de um museu. No meio astronômico, supõe-se que exija qualificações especiais que todos os teóricos, mesmo os da mais alta categoria, não mostram possuir; e a experiência dos últimos anos não serviu para obliterar, mas sim para tornar ainda mais nítida a diferença entre as qualidades que definem quem se destaca na astronomia teórica e as que indicam quem é capaz de realizar com eficiência as tarefas práticas de um observatório. Seria fácil demonstrar que, quando ambas se combinam, uma pessoa com essa dupla qualificação, nos dias atuais, achará necessário fazer uma escolha entre as duas; e que tal pessoa rapidamente verá que, para se desincumbir bem das obrigações do observatório e da correspondência resultante, deve quase abandonar a pesquisa analítica, ou, por outro lado, se exercer seu desejo pela investigação, em pouco tempo virá a conscientizar-se de que o observatório sob suas rédeas começou a marcar passo.

Eu estarei sempre entre os primeiros a reconhecer as notáveis habilidades do professor Adams em seu próprio departamento de Astronomia, mas reivindicarei, sem hesitação, o direito de discutir com ele, tanto na esfera pública como na particular, a adequação relativa para um cargo como o de diretor do Observatório de Cambridge.

Deve ter sido muito difícil para Carrington fazer tal crítica a Adams. Ambos haviam passado a conhecer e respeitar os talentos um do outro. Adams havia até sido um de seus proponentes para ser membro da Royal Society. Todavia, Carrington prosseguiu afirmando que era uma injustiça que a universidade não indicasse o melhor nome do país para o cargo de diretor e "eu sustento ser, neste momento, tal pessoa". Ele relacionou todos os seus êxitos e prometeu a Cambridge uma parte na glória de seu catálogo de manchas solares, que descreveu como "uma série bastante considerável de observações", cujos resultados, "embora ainda apenas esboçados, são reconhecidos como de elevado interesse para a física".

O MAIOR DE TODOS OS PRÊMIOS

Carrington terminou a carta declarando sua intenção de contestar publicamente a nomeação de Adams e aguardou pela resposta. Suas palavras obviamente atiçaram o interesse do vice-chanceler, que respondeu em alguns dias, garantindo que Carrington poderia entrar em contato com membros do conselho deliberativo da universidade, que deviam apreciar a recomendação da comissão do observatório dentro de alguns dias. Carrington escreveu pela volta do correio, pedindo os nomes, pois não conhecia a composição atual do conselho. Quando a lista chegou, já era tarde demais. O conselho deliberativo havia aceitado a indicação de Adams.

Carrington ficou furioso e escreveu novamente, protestando contra a forma irregular como a indicação havia sido feita. Alegou que a comissão excedera sua função ao nomear um indivíduo, especialmente um membro de seu próprio círculo, e assegurar que o indicado aceitasse o posto. O que mais o irritava era que Adams havia concordado com um aumento de apenas £250 em seu salário para assumir o observatório. Sendo apenas a metade do ordenado oferecido pela posição equivalente em Oxford no ano anterior, Carrington acreditava que a remuneração de Cambridge teria um reflexo negativo sobre o nível salarial dos astrônomos práticos. A seu ver, a universidade abria um precedente a ser seguido por outros estabelecimentos, e essa quantia irrisória constituía um desserviço aos astrônomos competentes, que estavam na ocasião lutando para se estabelecer como cientistas profissionais. Ao aceitar a indicação pelo salário oferecido, mesmo que com alguma relutância, Carrington acreditava que o teórico Adams também seria cúmplice do atraso da profissionalização da astronomia.

Uma semana depois, Carrington disparou mais um ataque, repetindo seus argumentos anteriores. Não podendo mais ignorar as críticas, que já haviam alcançado ampla circulação entre os membros graduados de Cambridge, o conselho reuniu-se para considerar o protesto. Após as devidas deliberações, foram referendadas tanto a conduta da comissão como a indicação de Adams. O posto não foi considerado de provimento "público", como mencionado por Carrington, pois não se tratava de

140   OS REIS DO SOL

emprego bancado pelo governo e nem de nomeação do reino. Em outras palavras, os membros podiam nomear quem quisessem, da forma que quisessem. O assunto estava encerrado.

Carrington fez sua última observação das manchas solares no dia 24 de março de 1861, terminando o grandioso estudo, que esperava conduzir durante um ciclo solar completo de onze anos, em pouco mais de sete anos. Resolutamente, começou a preparar sua casa e o equipamento do observatório para venda, determinado a cumprir suas ameaças ao mundo e largar a astronomia para sempre. Abandonando seu trabalho, os dados sobre manchas solares ficariam encerrados em seus cadernos, na realidade perdidos para o mundo.

No dia 17 de julho, à uma hora da tarde, quase um ano exato depois do eclipse na Espanha, um pequeno grupo de interessados se reuniu no Garraway's Coffee House, na Change Alley, Cornhill, para dar seus lances pelo equipamento do observatório de Redhill. Lote a lote, seu observatório foi desmembrado e vendido. Carrington observou o público fazendo lances por seu belo telescópio equatorial de bronze, através do qual ele havia visto a erupção solar. A perda mais dolorosa, porém, foi a venda de seu segundo telescópio, o instrumento de trânsito, com o qual havia feito as medidas para seu catálogo estelar de Redhill, que lhe valera a medalha de ouro. O Observatório Radcliffe, de Oxford, o arrematou por £420. A própria instituição que havia contribuído para destruir sua carreira ao não lhe dar emprego estava agora levando um de seus telescópios.*

Após a venda, a ala do observatório em Redhill tornou-se um casco vazio. O sonho de Carrington de passar sua vida exercendo a astronomia havia se desfeito. Ele se consagrara como um dos maiores astrônomos vivos e, contudo, sua capacidade não o havia protegido dos caprichos do destino. Seu inegável conhecimento fora insuficiente para lhe assegurar uma posição profissional. Ao contrário, a politicagem, os favores e sua

---

* O telescópio continuou a ser usado no Observatório Radcliffe em trabalhos profissionais até durante o século XX. Atualmente, está exposto no Museu da História da Ciência, em Oxford.

O MAIOR DE TODOS OS PRÊMIOS

própria fogosa impaciência haviam conspirado contra ele. Em apenas dois anos, tudo o que ele havia lutado para conseguir durante a última década havia se evaporado, da mesma forma como a brilhante erupção solar havia se extinguido diante de seus olhos.

Sem seus instrumentos de observação, não havia necessidade de continuar em Redhill. Ele vendeu a casa e se mudou para mais perto da detestada cervejaria, para tentar acomodar-se à vida de homem de negócios.

9

Morte em Devil's Jumps, 1862-1875

Sem ter conseguido qualquer progresso em suas investigações sobre os elos entre manchas solares, erupções solares, a variação diária dos ponteiros das bússolas e a frequência das tempestades magnéticas, alguns astrônomos começaram a não mais acreditar na conexão. À frente dos que duvidavam estava George Airy. Provavelmente, ele deixou de dar crédito a tal elo também em virtude de sua animosidade pessoal contra Sabine.

Em 23 de abril de 1863, Airy apresentou à Royal Society uma análise de vinte anos de dados magnéticos de Greenwich. Ele havia guardado essas informações cuidadosamente dentro dos limites de Greenwich, para que não caíssem nas garras de Sabine. Primeiro, Airy falou sobre o desvio diário das agulhas magnéticas. Relatou uma intensificação geral da variação de 1841 a 1848, um decréscimo de 1848 a 1857, seguido por um novo aumento. Balbuciou alguns comentários de que isso provavelmente seria reflexo da condição magnética geral do Sol, mas deixou de mencionar que suas leituras coincidiam com o ciclo de manchas solares, que havia alcançado um máximo em 1848 e um mínimo em 1856. Assim, deixou passar uma oportunidade de confirmar publicamente a validade da relação de Sabine entre manchas solares e variação magnética.

A seguir, fez uma análise das tempestades magnéticas anotadas por Greenwich. Dessa vez, ele se referiu ao ciclo solar, mas declarou que não

144 OS REIS DO SOL

encontrara indício deste na frequência das tempestades magnéticas. Mais tarde ele propôs que, se os dados indicassem alguma periodicidade, esta ficaria mais próxima de um ciclo de seis anos. O grande erro de Airy ao fazer tal afirmação foi não ter consultado os catálogos de manchas solares compilados por Schwabe, Spörer ou Carrington. Se o tivesse feito, teria descoberto uma característica peculiar do ciclo solar, que continua até os nossos dias: embora o número médio de manchas solares comece a declinar, manchas anormalmente grandes e ativas muitas vezes aparecem vários anos após o máximo solar, elevando temporariamente o número de tempestades magnéticas na Terra. Por exemplo, as extraordinárias tormentas do Halloween de 2003, 140 anos depois, ocorreram na fase declinante do ciclo solar. Se Airy tivesse examinado as informações sobre manchas solares, teria visto que o breve retorno das tempestades magnéticas correspondia exatamente ao aparecimento temporário de manchas gigantes, reforçando dessa forma a afirmação de Sabine de que as tempestades e as manchas marchavam no mesmo passo.

Airy também tinha dúvidas de que as correntes percebidas nas linhas telegráficas fossem induzidas pela aurora; ao contrário, ele especulava se era a Terra que gerava essas correntes. Não seriam estas que, ao circular pela superfície terrestre e passar por fios telegráficos convenientemente localizados, faziam as auroras brilhar nos céus? Ele montou duas linhas telegráficas experimentais, partindo de Greenwich, uma estendendo-se por 16 quilômetros para leste até Dartford e a outra por 13 quilômetros para o sul até Croydon. O equipamento científico foi conectado para medir continuamente qualquer corrente que passasse pelos fios.

Porém, Airy cometeu um erro enorme. Ele fez a ligação terra dos fios telegráficos conectando-os a tonéis de água nas estações ferroviárias. Os próprios tonéis atuaram como antenas mais poderosas do que as linhas telegráficas às quais eles deviam servir. Dessa forma, os dados resultantes foram inundados por leituras falsas e, como seria de se esperar, não coincidiram com o aparecimento de auroras ou com a movimentação das agulhas magnéticas de Greenwich. Inconsciente do erro na instalação experimental, ele usou os resultados incorretos para fomentar o ceticismo sobre a possibilidade de ser o Sol a fonte básica de tempestades magnéticas, auroras e correntes terrestres. Para alguns, começou a parecer que a erupção solar de Carrington havia sido uma pista falsa.

Quanto a Carrington, se havia imaginado que poderia exorcizar o astrônomo que havia dentro dele simplesmente vendendo seu observatório, subestimou seriamente o grau de sua possessão. Morando na época mais perto do centro de Londres, verificou ser mais fácil participar das reuniões da Royal Astronomical Society e da Royal Society. Ouvindo os informes atualizados sobre os estudos solares de Kew, sem dúvida intensificaram-se seus sentimentos de estar ficando para trás no avanço da astronomia. Como seria de se prever, os dados sobre manchas solares começaram a atraí-lo, exercendo seu irresistível canto de sereia, a despeito de seus compromissos comerciais diários. Para que seus sete anos de trabalho viessem a ter algum significado, ele teria que publicar os resultados o mais breve possível, e isso representava incontáveis horas de trabalho adicional para converter as observações em dados que fizessem sentido.

Não querendo deixar morrer seu sonho de um grandioso catálogo solar, começou a roubar algum tempo da cervejaria e trabalhar até tarde da noite, preparando seu trabalho para publicação. Ele o terminou em 1863. Tudo de que Carrington precisava era encontrar um patrocinador disposto a arcar com o custo da publicação do volume. Em 1857, o Almirantado havia pago a impressão de seu catálogo estelar, como um auxiliar para a navegação. Mas o estudo sobre as manchas solares era ciência pura, e isso poderia tornar mais difícil achar alguém que quisesse bancar a conta. Com efeito, somente a Royal Society concordou em arcar com as despesas, tendo reconhecido a excepcional qualidade da obra, embora esta não tivesse cumprido o objetivo original de Carrington de coligir os dados de um ciclo completo de onze anos. Logo após a publicação, Balfour Stewart utilizou o catálogo para de-

146 OS REIS DO SOL

monstrar que as auroras apareciam apenas quando grandes manchas eram visíveis na superfície solar.

Infelizmente, a satisfação de Carrington com essa conquista teve vida curta. Com a publicação do catálogo de manchas solares, seus últimos laços com a astronomia ativa foram cortados. Sem um observatório ele não poderia fazer observações e, sem dados, não poderia sequer dedicar-se a cálculos astronômicos. O grande volume, apesar de vistoso, deve ter parecido mais a lápide sobre o fim de sua carreira do que a coroação gloriosa que ele antes havia imaginado. Carrington começou a pensar em uma viagem ao Chile, imitando a temporada sul-africana de Herschel. No caso desse último, o grande catálogo de nebulosas que ele havia registrado serviu para catapultá-lo para uma posição de proeminência científica. Carrington sonhava observar as estrelas do sul, em uma imagem inversa de seu catálogo de estrelas do hemisfério norte, que havia sido tão bem recebido.

Antes que pudesse levar adiante seus planos, uma desgraça o atingiu. Ele caiu gravemente doente. A natureza da doença nunca foi revelada de forma explícita, mas pode ter sido um colapso nervoso ou, mais provavelmente, um derrame. Ficou tão fraco que se manteve confinado em sua casa durante meses. Sua recuperação foi tão lenta a ponto de ele temer que jamais voltaria a ter uma vida normal. Tomado de amargura, comunicava-se com a Royal Astronomical Society apenas por cartas; certa vez, acusou o tesoureiro de incompetência na apresentação das contas. Embora não falasse em desonestidade, Carrington fez uma série de perguntas minuciosas sobre as finanças. Por fim, solicitou um voto de confiança com relação às contas. Tendo George Airy e os outros diretores da sociedade se recusado a aceder a essa exigência afrontosa, Carrington publicou um panfleto à sua própria custa, expondo como ele julgava que as contas da sociedade deviam ser apresentadas, ao qual deu o título de "Conta de Receitas *versus* Conta de Caixa — Uma discussão". Se antes Carrington havia sido o mais dedicado colaborador da Sociedade, passara a ser um espinho atravessado na garganta.

Quando recuperou um pouco de sua força física, Carrington finalmente criou coragem de vender o detestado negócio. Embora tivesse

MORTE EM DEVIL'S JUMPS

apenas 39 anos, resolveu viver com o dinheiro apurado e retomar a astronomia. Como havia feito dez anos antes, começou a procurar um local para montar uma casa e um observatório. Encontrou um terreno na aldeia de Churt, Surrey, onde havia uma elevação cônica com cerca de dezoito metros de altura, conhecida como Middle Devil's Jump. Alguém havia escavado um túnel que ia até o centro da elevação, possivelmente para uma gruta artificial que não chegou a ser terminada. Ele imaginou instalar um observatório subterrâneo, onde as temperaturas seriam estáveis. O tubo do telescópio se projetaria apenas um pouco acima do nível do solo, poupando-lhe a despesa de uma construção especial. Ele comprou o lote e providenciou a construção de uma grande casa ao pé da colina, bem à vista da estalagem local, conhecida como Devil's Jumps.

Carrington foi bem recebido na aldeia e em pouco tempo tornou-se o diretor da escola da Igreja Anglicana. Em seus primeiros anos em Churt, viveu uma vida tranquila de solteiro, passando o tempo em seu observatório na gruta e enviando algumas observações pouco impor tantes para a Royal Astronomical Society. Com o tempo, alguns de seus vizinhos passaram a suspeitar dele, e boatos começaram a circular na aldeia. Os rumores insinuavam que ele estava construindo um caixão com tampa de vidro, sem dúvida por motivos nefandos. Na verdade, ele estava montando um grande relógio para usar no observatório, e o que os moradores haviam visto foi a entrega da caixa do pêndulo.

No ano de 1868, mais uma vez a vida de Carrington sofreu uma mudança dramática. Ele estava em Londres, passeando num fim de tarde pela Regent Street, quando se apaixonou à primeira vista. Ele abordou uma mulher extraordinariamente bela e travou conversa com ela. Soube que seu nome era Rosa Helen Rodway e que vivia com seu irmão, William, em uma casa alugada na Cleveland Street. Animado pelo fato de ela não ser casada, Carrington persuadiu-a a acompanhá-lo ao teatro naquela noite. Ao se despedirem, marcou outro encontro com ela.

Rosa era uma pessoa de pouca instrução. Conseguia ler algumas poucas palavras, porém a arte da escrita lhe era totalmente estranha. Parecia um par improvável para um graduado de Cambridge, mas mesmo assim, a despeito do abismo intelectual que os separava, eles

148 OS REIS DO SOL

começaram um namoro. Durante esse tempo, Rosa continuou a morar com o irmão. Carrington às vezes lhe fazia uma visita e, assim, veio a conhecer William. Seguindo para um de seus encontros, ele obteve uma licença especial de casamento e pediu a Rosa para ser sua esposa. Ela recusou a proposta, mas continuou a vê-lo. Assim, Carrington aguardou o momento adequado, e continuou a fazer-lhe a corte. No verão de 1869, veio mais uma vez à casa dos Rodway com uma licença de casamento. Dessa vez, trouxe também seu testamento, e leu, mostrando que sua fortuna pessoal chegava à considerável soma de £25.000. Ele prometeu incluir uma generosa dotação em favor dela e novamente a pediu em casamento. Dessa vez, ela aceitou.

O casamento se realizou em 16 de agosto de 1869. Na certidão, Carrington indicou como ocupação simplesmente "cavalheiro", e Rosa assinou com uma cruz. Após a cerimônia, partiram em lua de mel para Paris. Ao voltarem, Rosa recusou-se a morar com Carrington em Churt, alegando que isso não seria apropriado enquanto ela não tivesse instrução suficiente para cumprir sua função como esposa de um cavalheiro. Disse que preferia ter uma casa em Battersea com seu irmão. Carrington pagava o aluguel, e morava sozinho em Churt, visitando-a ocasionalmente para exercer seus direitos conjugais.

Após quase dois anos desse estranho casamento a distância, a paciência de Carrington, que já não era muita em tempos melhores, finalmente se esgotou. Ele insistiu para que Rosa deixasse o irmão e viesse morar em Churt, sem se importar com sua precária instrução. Para convencê-la, ele se recusou a continuar pagando o aluguel. Rosa se mudou para Churt, dando aos moradores novos motivos para suas fofocas. Carrington se ausentava com frequência, às vezes por dias a fio, e as línguas locais começaram a se agitar com histórias de um bonitão visto a espreitar a casa quando o dono estava fora.

No sábado, dia 19 de agosto de 1871, por volta do meio-dia, a campainha da residência dos Carrington tocou; Rosa estava sentada na sala da frente e interceptou a criada no vestíbulo, dizendo que ela mesma atenderia. Ao ver William Rodway parado na porta, Rosa recuou e tentou fechar a porta do vestíbulo para a cozinha, mas esta ficou presa no áspero capacho de fibra de coco e continuou aberta. Farejando encrenca, a cozinheira aproveitou para espiar através da abertura, com a criada atrás dela. Por certo, ambas esperavam ouvir algo para acrescentar aos boatos que corriam. Elas logo reconheceram o homem, pois o haviam visto rondando a colina naquela manhã.

Rosa saiu para a escada frontal e fechou a porta atrás de si. Rodway fazia círculos no chão com uma bengala. Ele pediu a Rosa para devolver-lhe uma capa, um xale, um cachorrinho e £3 que ela lhe devia. Ela pediu que ele esperasse no Devil's Jump Inn, ali perto, dizendo que levaria o xale e a capa. O cachorro, no entanto, teria que esperar até o retorno de seu marido, porque Rodway dera o animal a ele, e não a ela, pouco depois do casamento. Dizendo-lhe para olhar para a lama que estava revolvendo com a bengala, ele disse: "Eu a tirei disso." Em seguida, voltou-se para ir embora. Rosa o viu alcançar a quina da casa e voltar, com passadas largas, para acusá-la: "Você não foi uma boa mulher para mim", levantando o braço como que para golpeá-la. Foi então que Rosa viu a faca que ele segurava, com sua lâmina brilhante de quinze centímetros vindo na direção de seu coração.

Ela só teve tempo de levantar o braço esquerdo num gesto de defesa. O golpe veio com uma força tremenda, atravessando a carne de seu antebraço e atingindo seu peito entre a quarta e a quinta costelas. Rodway removeu a arma, enquanto Rosa cambaleava para dentro da casa, com seu vestido de seda preta manchado de sangue. Gritando, ela virou-se para entrar no vestíbulo; Rodway então golpeou-a de novo, dessa vez enfiando a faca bem fundo em suas costas. O golpe a fez cair ao chão perto do aquecedor. Ela se virou para encarar seu agressor.

Rodway chegou perto e se ajoelhou sobre ela. Inclinou-se sobre seu peito ensanguentado e puxou-a pela roupa, erguendo seu torso do chão para alcançar e remover a faca de suas costas. Abjetamente, ela pediu seu perdão. "Eu perdoo, sim, e que Deus a abençoe", ele respondeu. Montando em cima dela, levantou a faca mais uma vez. Rosa gritou pela cozinheira, que ela havia visto espiando pela fresta da porta da cozinha, mas a mulher estava paralisada de medo. A criada correu para dar o alarme.

150 OS REIS DO SOL

Em desespero, Rosa agarrou a lâmina, cortando os dedos. Depois agarrou os fartos bigodes de Rodway e os puxou. Surpreendentemente, quando ele usou de novo a faca, foi em si mesmo. Esfaqueou seu próprio peito seis ou sete vezes, juntando o seu próprio sangue ao que se espalhava no chão.

"Não! Não! Largue a faca", gritou Rosa.

De alguma forma, as palavras dela penetraram em sua mente enlouquecida e ele deixou a arma cair. Rosa aproveitou a oportunidade, conseguiu esquivar-se dele e se pôs em fuga pela porta da frente. Atordoada pelo ataque e tonta pela perda de sangue, Rosa foi cambaleando até a estalagem. Rodway a alcançou momentos depois, agarrou sua mão e disse: "Logo tudo estará acabado, nos encontraremos de novo no paraíso."

Essa cena horrível, que se desenrolou à vista de todos na estalagem, fez as pessoas correrem. Alguns se encarregaram de acudir Rosa, levando-a para dentro. Uma das testemunhas pegou sua carroça para ir a Farnham, a cerca de dez quilômetros de distância, para buscar um médico. Outra foi avisar a polícia. Um marinheiro aposentado deteve Rodway com um estridente "Alto!". Ele não opôs resistência, dizendo: "Fiz o que tinha que ser feito e, se feri Rosa, sinto muito por isso." Enquanto o marinheiro o conduzia até a estalagem, Rodway declarou que sua intenção era suicidar-se diante dela.

Lá dentro, Rodway pediu papel, pena e tinta, e silenciosamente rabiscou uma carta desconexa, fechou-a num envelope e a entregou ao proprietário com um pêni para a postagem. Pouco depois a polícia chegou e prendeu Rodway. Ele se apresentou perante o magistrado de Farnham na manhã de segunda-feira. No tribunal lotado, foi lida a descrição de seu crime. Rodway soluçava e suspirava o tempo todo. A corte foi informada que a sra. Carrington estava muito debilitada para comparecer. Rodway foi devolvido à prisão por uma semana, e a polícia começou a investigar. Na semana seguinte, quando Rodway se apresentou de novo ao magistrado, a polícia havia conseguido uma informação incontestável: ele não era irmão de Rosa. Carrington se manteve impassível na sala do tribunal, ao ouvir que Rodway, de 52 anos, ex-guarda da cavalaria, havia

MORTE EM DEVIL'S JUMPS

mantido uma relação íntima com Rosa, de 26 anos, por vários anos. E que dera seu consentimento para que ela se casasse com Carrington somente após o astrônomo ter-lhe oferecido £2.000. Mas depois, num acesso de ciúme romântico, tentara assassiná-la.

Os bisbilhoteiros da aldeia adoraram a história. Isso significava que Rosa havia mentido para Carrington, ao dizer que Rodway era seu irmão, para ocultar o fato de estar vivendo com ele sem serem legalmente casados. Ela havia persistido na mentira, mesmo depois de casada com Carrington. Quando insistira em voltar para a companhia do irmão para adquirir alguma instrução, ela estava traindo Carrington, usando sua fortuna para sustentar Rodway, que havia deixado de trabalhar para viver às custas do dinheiro do marido dela.

Mas Carrington também tinha seu segredo. Ele havia descoberto a verdadeira situação pouco antes de ter obrigado Rosa a vir morar com ele em Churt. Ao trazê-la para a região rural, ele devia ter imaginado que poderia romper a atração que ela sentia pelo bonitão Rodway e enterrar o escândalo de uma vez por todas. Agora, essa história sórdida seria revelada em um julgamento público.

A audiência teve lugar meses depois, nas sessões da primavera, em março de 1872. Carrington estoicamente ouviu os depoimentos, mas ele próprio não fez nenhuma declaração. Rodway foi descrito como "um homem alto e bonito, aparentando grande inteligência". Ele revelou que havia conhecido Rosa em 1865, em Bristol; na época ele trabalhava no circo Pequeno Polegar. Eles se tornaram amantes e se mudaram para Londres, onde ele havia se tornado taverneiro. Então, Rosa conheceu Carrington e o caso se transformou em triângulo amoroso. De acordo com Rodway, na melhor das hipóteses, Rosa estava indecisa sobre qual dos dois ela preferia ou, na pior, estava agindo de má-fé com ambos.

Na véspera de Rosa se mudar para Churt, Rodway lhe dera alguns envelopes já endereçados e eles haviam combinado um código. Sendo analfabeta, ela devia mandar um bilhete marcado com cruzes se fosse para Londres e com pontos se quisesse que ele viesse a Churt. Ele descreveu como haviam usado o sistema para continuar com seu romance. Por vezes, o desespero de perdê-la para Carrington o fazia ameaçar que

152 OS REIS DO SOL

iria arranjar um trabalho no estrangeiro, para ver se a perspectiva de uma ausência prolongada a traria de volta. Quando isso não funcionou, ele resolveu suicidar-se diante dela. Foi até a loja de Joseph Moreton na Oxford Street, em Londres, e pediu para ver algumas facas; rejeitando a primeira que lhe foi oferecida por ser muito pequena, examinou outras até escolher uma com lâmina de 5 polegadas, acionada por mola e com uma saliência transversal entre a lâmina e o cabo, que permitia seu uso como punhal.

Como explicação para os sérios ferimentos de Rosa, disse que ela procurara impedir que ele tentasse contra a própria vida. Quando ele dirigia a lâmina contra si mesmo, ela havia sido atingida acidentalmente. O ferimento nas costas de Rosa fora causado quando ela caíra sobre a faca, ao tropeçar no vestíbulo.

Rodway chorou várias vezes durante a firme rejeição de Rosa àquelas alegações. Mas o que o condenou foi a carta manchada de sangue que ele havia escrito na estalagem depois do crime. A carta dizia: "Apunhalei a mulher no coração, espero." O advogado de Rodway argumentou que a frase estava incompleta e que, muito enfraquecido, ele pretendera e não conseguira escrever "espero estar enganado". No entanto, quando o júri se retirou para dar o veredito, as deliberações levaram apenas cinco minutos. Ele foi considerado culpado de infligir ferimentos com intenção de matar.

Antes de proferir a sentença, o juiz pediu que o júri considerasse uma última prova. Ele chamou Edwin Gazzard, um ex-carcereiro, ao banco das testemunhas. Gazzard afirmou ter conhecido o réu quase 23 anos antes. Naquela época, Rodway era conhecido como Edward Smith e estava cumprindo um ano de trabalhos forçados pelo assassinato de uma certa Rebecca Gill. Na mesma hora Rodway negou a acusação e o júri foi orientado a decidir o assunto. William Rodway era realmente Edward Smith? Nesse caso, sem dúvida ele devia ser sentenciado à morte.

Dessa vez, os jurados rejeitaram a alegação por insuficiência de provas. O juiz, porém, disse que ele havia sido preso por um crime muito grave. Se tivesse matado Rosa, como obviamente era sua intenção, seria enforcado. A vida dela havia sido salva por pura sorte e, para marcar a enormidade do seu crime, Rodway deveria cumprir uma pena de vinte anos. Ele ouviu a sentença com calma dignidade e foi retirado do tribunal. Morreu alguns anos depois, ainda na prisão.

Depois do julgamento, Carrington procurou deixar seu drama pessoal para trás e viver uma vida tranquila com sua esposa. Menos de um ano depois, em janeiro de 1873, assinou um novo testamento deixando tudo para Rosa. Periodicamente, ele viajava para Londres para assistir a reuniões científicas e se colocar em dia com os últimos desenvolvimentos. O Sol passara a ser o objeto mais observado do espaço. Como era de se prever, novas descobertas se seguiram. Uma delas desferiu um golpe contra o notório ceticismo de George Airy a respeito do papel do Sol nas tempestades magnéticas. Muitos sempre se admiravam por que mais erupções como as de Carrington não haviam sido vistas perto dos períodos de intensa atividade magnética. Afinal, havia uma resposta.

A resposta veio dos astrônomos que usavam os métodos de análise espectral introduzidos por Bunsen e Kirchhoff; eles explicaram que as erupções na realidade ocorriam, mas, a menos que alcançassem proporções excepcionais, ficavam aquém do limite de detecção pelo olho humano. Com os espectroscópios, porém, elas se revelavam claramente. As erupções se evidenciavam quando as raias escuras de Fraunhofer indicativas de absorção de gás mudavam para linhas claras de emissão, mostrando que o gás estava de repente sendo aquecido a temperaturas incandescentes. Quanto mais os astrônomos estudavam o espectro solar, mais inversões desse tipo eles detectavam. Em geral, tais erupções espectroscópicas ocorriam acima das manchas solares, exatamente como a "erupção de luz branca" de Carrington, e normalmente levavam alguns minutos, a mesma duração da erupção de Carrington. Na comparação com a ocorrência de tempestades magnéticas e auroras na Terra, parecia haver uma ampla coincidência com as erupções espectroscópicas.

154   OS REIS DO SOL

Um número cada vez maior de astrônomos começou a acreditar que a erupção de Carrington havia sido um exemplo particularmente excepcional do fenômeno que precipitava as tempestades magnéticas e as auroras. O ceticismo de Airy, contudo, se manteve, em grande parte porque os detalhes do que causava as erupções solares, de como o magnetismo se propagava através do espaço e por que a resultante tempestade magnética e a aurora chegavam muitas horas depois da erupção eram totalmente desconcertantes. Lamentavelmente, essas respostas finais não chegaram a tempo para Carrington. No decorrer de 1875, a tragédia mais uma vez se abateu sobre ele.

Rosa havia ficado muito traumatizada em consequência do ataque de Rodway. O médico lhe havia prescrito o sedativo hidrato de cloral, que ela tomava à noite para conseguir dormir. Carrington também, ao que parece, acabou viciado na droga.* No dia 17 de novembro, ela não acordou pela manhã. Logo ficou óbvio que uma overdose da droga a havia matado. Acima de alguns gramas, o sedativo, que age diretamente sobre os nervos do cérebro, causa uma parada cardiorrespiratória. Uma inquirição foi realizada no Devil's Jump Inn, e o legista confirmou que a morte fora causada por sufocação. Ele proferiu uma severa reprimenda contra Carrington por não ter proporcionado a correta supervisão médica para sua esposa. Inevitavelmente, o fato plantou as sementes de mais rumores e boatos, com os aldeões especulando se ele deliberadamente dera a Rosa uma dose excessiva.

Carrington abandonou a cena. Despediu seus criados e saiu de Churt. Foi visto chegando em Brighton, onde morava sua mãe viúva. Uma semana depois, foi observado voltando para sua casa vazia. Quando vários dias se passaram sem sinal de atividade na casa de Carrington, os moradores ficaram preocupados. A polícia foi chamada e dois policiais forçaram a entrada. A princípio, parecia que a casa estava vazia, mas, continuando a busca, um deles encontrou uma porta trancada

---

* Nos últimos anos do século XIX, o hidrato de cloral era misturado com álcool e conhecido como Mickey Finn, ao que se supõe devido a um taverneiro de Chicago que furtivamente drogava seus clientes para depois roubá-los.

Os dois grupos de manchas solares responsáveis pelas erupções do Halloween de 2003. Cada grupo tem cerca de dez vezes o diâmetro da Terra. [NSO/AURA/NSF/Bill Livingston]

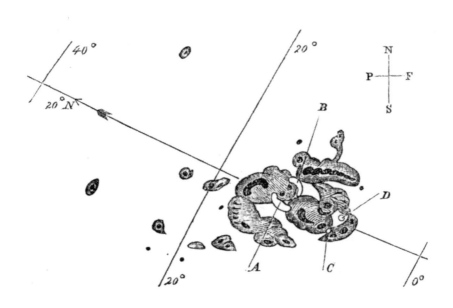

Desenho da erupção solar acima do grupo de manchas solares, por Richard Carrington, de 1° de setembro de 1859. "A" e "B" representam a posição em que apareceram os dois pontos de luz em formato de rim. "C" e "D" mostram o lugar onde as luzes já reduzidas desapareceram. [Royal Astronomical Society]

Retrato de William Herschel como presidente da Royal Astronomical Society. [Royal Astronomical Society]

John Herschel retirou-se para a África do Sul e estendeu o catálogo de seu falecido pai para os céus meridionais. Montou o telescópio de 20 pés em Feldhausen. [Royal Astronomical Society]

Mesmo depois de abandonar as observações astronômicas, John Herschel ficou fascinado pela descoberta de que os distúrbios magnéticos na Terra ocorriam em cadência com o número de manchas solares. [Royal Astronomical Society]

Richard Carrington construiu sua mansão em Redhill, Surrey, com observatório anexo, de onde ele testemunhou a erupção solar. [Royal Astronomical Society]

Gravura da aurora, usada para ilustrar um artigo de Elias Loomis na revista *Harper's New Monthly*, 1869. [Royal Astronomical Society]

Warren de la Rue, primeiro à esquerda, e sua equipe em Rivabellosa preparando-se para o eclipse iminente. A parte frontal do observatório foi removida, deixando à mostra o foto-heliógrafo de Kew ali instalado. A porta da câmara escura pode ser vista à direita. [Royal Astronomical Society]

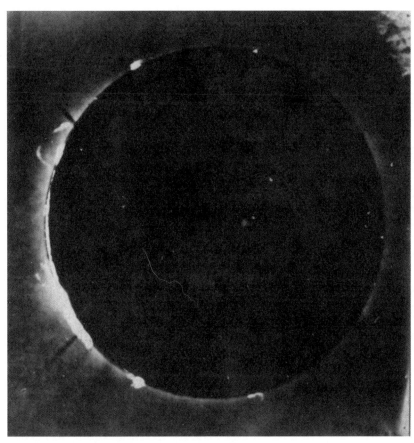
Fotografia do Sol em eclipse total, por Warren de la Rue.
[Royal Astronomical Society]

George Biddell Airy, o Astrônomo Real (1835-1881). [ROYAL ASTRONOMICAL SOCIETY]

Edward Walter Maunder, herdeiro intelectual de Richard Carrington. [ROYAL ASTRONOMICAL SOCIETY]

O Observatório Real em Greenwich. [Royal Astronomical Society]

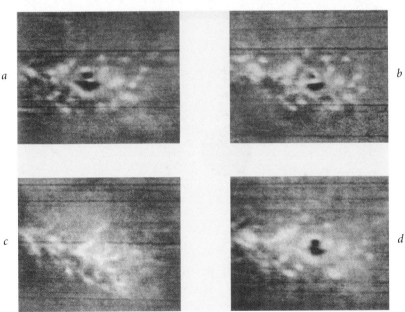

a

b

c

d

Erupção solar em julho de 1892, fotografada por George Ellery Hale, em seu observatório particular de Kenwood. A sequência mostra o grupo de manchas solares antes, durante e depois da erupção. O grupo em questão é o conjunto de manchas escuras no centro da imagem (a), registrada às 16h58. A erupção propriamente dita é a faixa clara que se estende sobre as manchas escuras, na imagem (b), captada às 17h10. Na sequência da erupção, toda a área acima da mancha solar aparece brilhante, como se vê na imagem (c), de 17h37. Às 19h50, a área havia voltado ao normal, conforme a imagem (d). [Hale, George E. (1931) The spectrohelioscope and its work, *Astrophisical Journal* 73:239, Ilustração IV. Reproduzida com permissão da AAS]

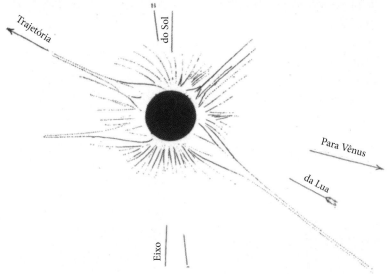

A fotografia do eclipse de 1898, tirada por Annie Maunder, revela os raios se expandindo pelo espaço. O desenho correspondente apresenta, em detalhes, esses aspectos mais tênues. [Stuart Clark, coleção particular]

MORTE EM DEVIL'S JUMPS

nos aposentos dos criados. Não tendo obtido qualquer resposta, eles arrombaram também essa porta. Carrington estava lá, morto.

Ele estava deitado sobre um colchão que evidentemente havia sido arrastado da cama e colocado entre esta e a lareira. Estava de costas para as cinzas de um fogo extinto, com um lenço amarrado em torno da cabeça. O exame revelou que se tratava de um cataplasma feito de folhas de chá que Carrington havia aplicado sobre sua orelha esquerda, antes de cair sobre o colchão. Frascos vazios da droga que havia matado Rosa estavam espalhados pela casa.

O legista atestou morte por causas naturais, citando uma provável hemorragia cerebral. Porém, assim que começou a circular a notícia da morte de Carrington, surgiram também insinuações de suicídio, provocado pela culpa de ter assassinado sua esposa infiel.

A Royal Astronomical Society lhe fez um completo e generoso obituário, atenuando as escaramuças que ele tivera em vários círculos acadêmicos, incluindo a própria Sociedade. A Royal Society, no entanto, deixou sua morte passar em branco, embora ele tivesse legado £2.000 a cada uma das organizações.

O testamento de Carrington, assinado pouco mais de dois anos antes de sua morte, estipulava que ele devia ser sepultado em um túmulo sem identificação, em sua propriedade de Devil's Jump. Não deveria haver nenhum serviço fúnebre, e a despesa total não deveria ultrapassar 5 libras. Ele também especificou que a sepultura deveria ter entre 3 e 6 metros de profundidade. Naquele tempo, tal precaução era compreensível por causa dos ladrões de túmulos. Outra cláusula revela que, embora tivesse mantido durante toda vida distância de qualquer fé religiosa, Carrington tinha algumas preocupações sobrenaturais, afinal de contas. Ele pediu que seu queixo não fosse escanhoado, nem que sua camisa fosse trocada após sua morte. Era comum a crença de que feiticeiras podiam se apossar de uma alma e desviá-la de seu caminho para o paraíso se tivessem acesso a cabelos ou secreções corporais de uma pessoa recentemente falecida. Obviamente, ele pretendia evitar essa possibilidade.

Sua mãe preferiu ignorar seu pedido para ser enterrado no monte de seu observatório. Ele e Rosa foram ambos sepultados no túmulo da família no West Norwood Cemetery, na Grande Londres. Na lápide foi gravada uma inscrição em latim: "Sic Itur ad Astra", que significa "assim alcançamos as estrelas".

Felizmente para a astronomia, o herdeiro acadêmico de Carrington já estava trabalhando silenciosamente, coletando uma montanha de seus próprios dados sobre manchas solares, com os quais no devido tempo erigiria um edifício científico que ninguém conseguiria demolir.

Esse herdeiro era Edward Walter Maunder.

10

O bibliotecário do Sol, 1872-1892

Três anos antes da morte de Carrington, o jovem Edward Walter Maunder, de 21 anos, trabalhava em um banco de Londres. No fim de 1872, viu um anúncio de emprego para assistente do Observatório Real. Em lugar do costumeiro pré-requisito de graduação superior, que ele não possuía, tudo o que se exigia era submeter-se a um teste para o serviço público de Londres. Era a primeira vez que se organizava um exame desse tipo, numa tentativa de reformar o serviço público, destinando os trabalhos aos que fossem capazes de desempenhá-los, ao invés daqueles que tivessem qualificações formais. Dessa maneira, os políticos esperavam que os postos fossem preenchidos mais equitativamente, pois uma instrução universitária ainda era em grande parte restrita aos privilegiados.

Era a oportunidade perfeita para Maunder. Ele possuía uma curiosidade febril que nunca fora totalmente desenvolvida através de instrução formal. Ainda na adolescência, vira algo que estimulara sua imaginação sobre astronomia, em especial a astronomia solar. Em fevereiro de 1866, voltando da escola para casa, viu o sol baixo no poente, com seu enorme globo em parte obscurecido pela névoa. O jovem de 14 anos ficou observando fascinado. Ali, na superfície vermelha, havia uma mancha preta, claramente visível. Ele achou que parecia a cabeça de um prego que havia sido fincado no Sol.*

---

* Em O paraíso perdido, de John Milton, o poeta descreveu que a queda de Satã no Sol criara uma marca como uma mancha solar vista através de um "instrumento óptico" (um telescópio).

158   OS REIS DO SOL

Maunder ficou espantado com a mancha; era a primeira vez que via uma figura no Sol. Continuou a observar e alguns dias depois as condições se repetiram. Quando o Sol baixava por trás da bruma, antes de desaparecer por completo no horizonte, ele viu a mancha novamente. Ela havia mudado de lugar na superfície. Ansioso por acompanhar seu progresso, Maunder aguardou de novo as condições propícias, mas na próxima vez em que estas ocorreram, dois ou três dias depois, a mancha havia sumido, ficando fora de visão devido à inexorável rotação do Sol.

A família Maunder era relativamente pobre, mas profundamente religiosa. O pai de Walter era pastor da Sociedade Wesleyana, uma forma de cristianismo metodista cuja crença é que não deve haver preconceito entre membros de diferentes classes, raças ou sexos. Quando Walter foi atacado por uma doença debilitante, seus pais não tiveram outro recurso senão orar. Eles já haviam perdido um filho e deviam temer que a vida de Walter também seria curta.

Felizmente, a família foi poupada de mais uma perda; Walter se curou e começou uma longa batalha para recobrar as forças. Enquanto a doença e o período de recuperação o impediam de frequentar a escola, o inquieto Maunder percorria as ruas de Croydon, medindo-as com seus passos, e calculava a olho o ângulo que cada rua formava com a outra. Em casa, com essas medidas, desenhou um mapa em escala do subúrbio onde morava.

Em janeiro de 1871, seu interesse pela ciência o levou a matricular-se no King's College em Londres, para estudar química, matemática e filosofia natural (que em breve teria o nome mudado para física). Fundado em 1829 pelo rei George IV e seu primeiro-ministro, o duque de Wellington, o King's College proporcionava instrução de nível superior aos deixados de fora do exclusivo eixo Cambridge-Oxford. No King's College, mulheres e trabalhadores podiam frequentar cursos noturnos, caso precisassem ganhar a vida enquanto estudavam.

Pouco depois de Maunder entrar para o King's College, John Herschel faleceu em Hawkhurst, Kent, aos 79 anos. O jornal *The Times* lamentou o desaparecimento de "uma das mais ilustres figuras da ciência europeia". Os que haviam trabalhado com ele na Royal Society sabiam que a ver-

O BIBLIOTECÁRIO DO SOL 159

dade era ainda mais grandiosa. A Sociedade assim se expressou em seu obituário: "A ciência britânica sofreu uma perda maior do que qualquer outra desde a morte de Newton, e que dificilmente será suplantada." E continuou louvando a influência de seus ensinamentos para despertar o público para a força e a beleza da ciência, além de sua atuação ao estimular e orientar o estudo acadêmico da ciência.

Se Richard Carrington teve um enterro discreto, Herschel, ao contrário, mereceu uma cerimônia fúnebre, com acompanhamento coral, na Abadia de Westminster. Amigos, familiares e acompanhantes do povo lotaram a catedral onde, após as devidas pompas, ele foi sepultado ao lado de Isaac Newton.

Herschel partiu deste mundo em uma época de profunda crise para a ciência britânica. Muitos acreditavam na necessidade de uma nova força coordenadora, não apenas na astronomia, mas também na ciência em geral. O governo, alegavam, estava negligenciando seu dever de apoiar os cientistas. Os descontentes lançaram olhares invejosos para a Europa, onde observatórios financiados pelo Estado já adotavam a nova astronomia da análise espectral, usando-a para investigar a natureza física dos corpos celestes. Era óbvio que esse seria o caminho para o avanço da ciência. A astronomia tradicional cada vez mais daria vez à "física da astronomia", como estavam sendo chamadas as novas técnicas.

Quando as vozes discordantes aumentaram de volume, os oligarcas da ciência britânica começaram a sentir a pressão dos reformadores mais jovens. Edward Sabine, cuja cruzada magnética da década de 1840 havia demonstrado a influência magnética do Sol sobre a Terra, estava na ocasião lutando por sua vida profissional. Já octogenário, seus dez anos como presidente da Royal Society estavam terminando em acrimônia, pois ele fora acusado de abandonar as ciências naturais em favor das físicas. Incapaz de suportar a pressão da qual outrora teria se esquivado habilmente, Sabine pediu demissão e se aposentou.

Antes que a revolução ficasse fora de controle, o governo viu-se compelido a agir. Foi nomeada uma comissão especial para investigar a situação da ciência britânica e recomendar como ela poderia ser desenvolvida. Presidida por William Cavendish, o 7º duque de Devonshire, a

160 OS REIS DO SOL

Comissão Devonshire começou por ouvir as delegações. Alguns membros da Royal Astronomical Society viram aí a oportunidade de mudar a face da astronomia britânica para sempre.

O coronel Alexander Strange era um oficial reformado do Corpo de Engenheiros Reais e da Artilharia Real, e um advogado apaixonado da nova astronomia. Ele defendia a criação de um novo laboratório de astrofísica, financiado pelo governo. Strange nutria um ressentimento veemente sobre a forma como a astronomia britânica estava sendo conduzida, especialmente com relação à repressão que o Astrônomo Real exercia a partir de Greenwich. Se Strange conseguisse persuadir a Comissão Devonshire de que um novo observatório, independente de Greenwich, era essencial para fazer renascer a astronomia britânica, ele poderia romper o domínio do Astrônomo Real de uma vez por todas. Mas, para tanto, precisava que outros astrônomos o apoiassem publicamente, e isso seria difícil de combinar.

Airy já vinha exercendo a função de Astrônomo Real há quase quarenta anos, e, durante esse tempo, havia sido um servidor público dedicado, em quem o governo confiava para orientação a respeito de muitos assuntos científicos e de engenharia. Ele havia participado de comitês que discutiram tópicos tão diversos como a bitola das linhas ferroviárias do país e como fazer o Big Ben, o relógio de Westminster, funcionar com precisão. Destacando seu valor, Airy recebeu o título de cavaleiro no mesmo ano em que Strange decidiu lançar seu ataque.

Na véspera do depoimento de Strange na Comissão Devonshire, o coronel reformado entrou na cova dos leões da Royal Astronomical Society e tentou angariar apoio para seus pontos de vista controversos. Ele imaginava que jamais existira melhor momento para chamar às armas os membros da Sociedade simpáticos à sua causa. Airy era uma força envelhecida, assim como sua leal retaguarda. O interesse nas novas tecnologias e técnicas da astrofísica havia inchado as fileiras da RAS com gente ávida por entender os corpos celestes. Somente durante a década de 1860, o número de membros havia aumentado de 380 para 509. Strange tentou reunir esses jovens combatentes em uma nova força, dando à sua apresentação o provocativo título: "Sobre a insuficiência

O BIBLIOTECÁRIO DO SOL

dos observatórios nacionais existentes." A essência de seu argumento era que a capacidade de Greenwich já estava inteiramente ocupada com seus programas tradicionais e, assim, não se podia esperar que acrescentasse novas atividades sem perder a eficiência. Airy havia recentemente recomendado a criação de um observatório independente, dedicado apenas à observação das luas de Júpiter, e Strange entendeu isso como uma indicação de que o próprio Astrônomo Real se sentia sobrecarregado.

Embora evitasse qualquer crítica direta a Airy, a implicação óbvia das palavras de Strange era que o forte apego do Astrônomo Real aos objetivos originais da astronomia havia permitido que os astrônomos do continente ultrapassassem os britânicos com suas realizações. Em lugar de inspirar as novas gerações de astrônomos a expandir os limites de sua ciência, Airy havia se tornado uma mão inerte no leme da instituição, ancorando a astronomia britânica no leito rochoso da centenária tarefa de auxiliar a navegação através da observação das estrelas. Os pequenos aprimoramentos que esse trabalho trazia agora para a arte da navegação eram quase inexpressivos. No entanto, sua continuidade ainda dominava o trabalho de Greenwich.

Não que Airy deixasse de entender as implicações da nova ciência, mas ele se considerava, antes de mais nada, um servidor público devotado e não um pioneiro da astronomia. Strange julgava Airy mais interessado em manter a rotina do observatório e cumprir o programa de publicações do que em explorar o universo. Entender o Sol, de acordo com Strange, era o cerne da pesquisa astrofísica, e Greenwich não era o lugar próprio para essa tarefa, pois como poderia a investigação de esferas desconhecidas obedecer a um cronograma? Quem poderia saber o momento em que a imagem crucial seria observada? Assim como no caso da descoberta de Sabine, segundo a qual as tempestades magnéticas aumentavam e diminuíam de acordo com o ciclo solar, poderiam se passar décadas de coleta de dados até que os matemáticos pudessem encontrar algo aproveitável. Ele salientou que a questão sobre a variabilidade das manchas solares e sua influência sobre o clima permanecia sem resposta e, ecoando a justificativa de William Herschel para as investigações solares, perguntava se poderia haver algo mais relevante para a população mundial do que o conhecimento do Sol, a fonte essencial de vida e energia da Terra.

O que colocou sua nobre indagação em termos de urgência foi o fato de Warren de la Rue ter anunciado recentemente sua iminente aposentadoria. Ele havia administrado o foto-helioscópio de Kew durante quase quinze anos, tendo mesmo se encarregado sozinho de seu uso quando a insuficiência de pessoal em Kew havia prejudicado o programa. Em 1861, ele foi forçado a retirar o foto-helioscópio de Kew, instalando-o em seu observatório particular em Cranford, onde lhe seria mais fácil conciliar a necessária atividade fotográfica com seus compromissos comerciais. Após um ano, devolveu o aparelho a Kew, quando o problema de pessoal foi temporariamente resolvido por um dos assistentes do observatório, que incumbiu sua própria filha de tirar as fotografias. A jovem senhorita Becky mostrou ser uma observadora tão diligente que uma citação anônima sobre seus serviços apareceu na publicação da Royal Astronomical Society, *Monthly Notices*:

> Durante o dia ela aguarda oportunidades de fotografar o Sol, com a paciência característica de seu sexo, e jamais deixa que uma oportunidade lhe escape. É extraordinário que, mesmo em dias muito nublados, entre as frestas das nuvens, quando se imaginaria ser quase impossível obter uma fotografia, sempre há algum registro em Kew.

O afastamento de De la Rue da fotografia solar em 1872 coincidiu com uma mudança na administração de Kew. A Royal Society tomou as rédeas da Associação Britânica para o Progresso da Ciência, e, com a saída de De la Rue, a expectativa era que a fotografia solar parasse por completo. A insensatez do abandono dessa atividade exasperou Strange. Ele recapitulou a constante investigação sobre o Sol desde Schwabe, passando por Carrington até De la Rue. Não podia acreditar que a Royal Society estivesse disposta a deixar morrer um legado de meio século de contínua monitoração. Ele disse aos colegas da RAS que isso era deplorável e que não se podia perder tempo para impedir "tal dano". Na opinião de Strange, tratava-se exatamente do tipo de situação que um laboratório nacional de astrofísica, com um planejamento de pesquisas definido, poderia evitar.

O BIBLIOTECÁRIO DO SOL

163

A discussão irrompeu entre os presentes. Airy subiu à tribuna imediatamente. Primeiro, lembrou a todos que o povo relutava em gastar dinheiro em empreendimentos científicos. Em seguida, censurou Strange por mencionar os supostos vínculos entre o Sol e a Terra. A despeito das provas que se avolumavam, Airy não conseguia acreditar em qualquer relação entre o Sol e a Terra, além da simples luz solar. Afirmou que não via justificativa em "procurar a esmo pelas causas". Ridicularizou a própria ideia de um observatório de astrofísica custeado pela nação, dizendo que "a posição do governo não era estabelecer instituições filosóficas, mas órgãos de trabalho".

O que Strange não sabia era que Airy guardava um trunfo na manga; ele já havia entabulado negociações com De la Rue e com o Observatório de Kew para transferir o foto-helioscópio para Greenwich, onde a atividade fotográfica diária poderia continuar. A coleta rotineira de dados era uma tarefa com a qual Airy se sentia inteiramente à vontade. Ela tinha objetivos claramente definidos que podiam ser auditados pelo Tesouro e avaliados segundo seu custo. Airy também havia solicitado privadamente orientação sobre a instituição do trabalho espectroscópico em Greenwich.

A seguir, os dois levaram sua disputa para a Comissão Devonshire. Airy defendeu que o novo trabalho fosse realizado em Greenwich, embora isso demandasse uma equipe maior e representasse um considerável aumento de trabalho para ele. Airy não via razão para mudar a forma como a ciência especulativa — era assim que ele via a nova astronomia — era executada. Ela deveria ser deixada para cavalheiros de paixão e posses. Argumentou que o sistema em vigor permitia que qualquer homem com suficiente ímpeto se devotasse à ciência. Uma vez provados seu próprio valor e o da ciência que desejava seguir, seria ajudado com pequenas subvenções da Royal Society e de outros órgãos ou patrocinadores. Um desses casos era o de William Huggins, homem de tal energia que a Royal Society, usando dinheiro do governo, o havia agraciado com um telescópio de alta qualidade, especialmente construído, com o qual ele podia seguir pessoalmente um programa de pesquisas empregando a nova ciência da análise espectral. Huggins divulgava regularmente, nas reuniões e nas páginas do jornal da RAS, o que havia aprendido.

164   OS REIS DO SOL

Strange censurou a atitude de Airy, considerando-a exemplo do elitismo do qual a Inglaterra vitoriana supostamente deveria estar se afastando. Sem dúvida, seria deixar indivíduos independentes com seus prazeres científicos, mas não confiar neles. Sem treinamento adequado e objetivos definidos de pesquisa, a astronomia vaguearia segundo a fantasia de cada um. Mesmo que alguém conseguisse realizar um feito científico de repercussão mundial, o conhecimento de como este havia sido alcançado se perderia para o público se tal indivíduo mudasse de interesses ou morresse. Uma ciência em larga escala e de longo alcance seria necessária para restaurar a proeminência britânica na astronomia. No entender de Strange, isso significava a criação de um laboratório nacional de astrofísica. Strange não via Huggins como herói, mas como um rematado vilão. Ele era um homem de evidente talento no novo campo da análise espectral; porém, em lugar de usar sua perícia e o equipamento fornecido pelo governo para estudar a natureza do Sol e suas vinculações com o clima da Terra, ele os desperdiçava investigando as diferenças espectrais entre o Sol e outras estrelas. Para Strange, isso constituía um flagrante desvio de obrigação moral. Tendo passado boa parte de sua carreira servindo na Índia, onde havia chefiado os trabalhos de medição da longitude do país, Strange tinha experiência pessoal dos horrores que o clima podia causar. Se houvesse mesmo a mínima chance de se prever uma estiagem de monção mediante o estudo das manchas solares e armazenar provisões de emergência para aliviar os sofrimentos decorrentes, nesse caso ele acreditava que seria um dinheiro oficial bem empregado e todos os que o recebessem se sentiriam compelidos a investigar a conexão.

A revolução nascente continuava a fazer barulho. Em maio, parte da RAS havia formado uma minoria dissidente que apoiava Strange e sua nova era de observatórios de astrofísica independentes. A maioria era favorável à expansão da capacidade de Greenwich com a inclusão de observações astrofísicas e à continuação do sistema de subvenções para indivíduos que se mostrassem merecedores de incentivo. Sob o peso das opiniões, fomentadas pela revelação de Airy acerca dos planos, que ele já havia posto em movimento, de trazer a fotografia solar e também a

O BIBLIOTECÁRIO DO SOL

espectroscopia para Greenwich, a RAS deu todo o apoio ao Astrônomo Real, e o golpe de Strange foi rapidamente frustrado.

Agora, o que Airy precisava era de uma equipe maior para transformar esses programas em realidade, e foi aí que Maunder entrou. Embora não tivesse passado no primeiro teste em 1872, classificando-se em terceiro lugar para duas vagas, tentou novamente no ano seguinte e foi nomeado assistente de fotografia e espectroscopia em 6 de novembro de 1873, com responsabilidade principal pela astronomia solar. Ao chegar a Greenwich, porém, o jovem teve dificuldade para se adaptar.

Airy havia moldado sua força de trabalho como uma máquina bem-azeitada. Por seus esforços, ele assegurou que seu pessoal fosse comparativamente bem-remunerado. Em 1826, quando ele havia assumido a cadeira lucasiana em Cambridge, essa cátedra altamente prestigiosa lhe rendia apenas £99 por ano, o equivalente ao salário de um bancário. Em seu tempo como Astrônomo Real, ele elevou os salários de seus assistentes para algumas centenas de libras por ano, aproximadamente o dobro do que receberiam em observatórios universitários. O expediente diário oficial era de cinco horas, eles tinham mais de um mês de férias e uma pensão aos 65 anos. Não era de admirar, portanto, que, quando Maunder entrou para a equipe, o mais antigo dos assistentes de Greenwich já contava 37 anos de serviço e o mais novo, quinze anos. Em troca por essas generosas condições de trabalho, Airy esperava que as coisas fossem feitas de seu jeito, ao pé da letra. De Walter Maunder, Airy não obteve exatamente o estipulado.

Quando se abriam vagas no passado, Airy costumava escolher os substitutos a dedo e, como Carrington havia penosamente constatado, também ajudava outros no poder a indicar pessoal para os observatórios universitários. Airy claramente não gostava de ter um funcionário, especialmente um não graduado, que lhe fora imposto por aquele moderno sistema de exames. Em uma carta, ele descreveu Maunder como "o mais perfeito palerma que jamais vi — o homem errado foi escolhido".

Maunder, por sua vez, estava obviamente aterrorizado com o rabugento Astrônomo Real. Na casa dos setenta, ligeiramente encurvado e com óculos de aros de metal empoleirados no alto do nariz, Airy rondava pelo observatório. Vestindo sobrecasaca trespassada preta, camisa de colarinho em pé, mantido no lugar por uma gravata apertada, costumava fazer julgamentos sobre seus funcionários onde quer que fosse. Certa ocasião, ele cruzou com Maunder; mesmo já trabalhando no observatório há mais de um ano, a mera presença do Astrônomo Real o fazia estremecer. Ele tremia tão violentamente que deixou cair um frasco de reagentes químicos usados para revelar as fotografias diárias do Sol. Esse incidente impeliu Airy a escrever à secretaria do Almirantado, queixando-se da nomeação de Maunder. Com o tempo, ele se adaptou ao regime de Greenwich, apoiado em suas aspirações astronômicas por sua família, em especial por seu irmão mais velho, Thomas. Alguns anos após sua nomeação, Maunder casou-se com Edith Hannah Bustin, na Capela Wesleyana, em Wandsworth, dando início a uma família.

Por essa época, graves notícias da Índia provocaram uma inesperada pressão sobre os astrônomos. As chuvas de monções não haviam chegado e uma fome de proporções bíblicas assolava o enorme subcontinente. Milhões estavam morrendo e a administração britânica lutava para manter o controle de uma população cada vez mais desesperada. Incitados pela proporção da catástrofe humana e na crença lamentavelmente equivocada de que essa era sua oportunidade de mostrar aos indianos como governar seu país de forma adequada,* cientistas de todas as facções começaram a estudar uma forma de predizer o tempo. O Departamento Meteorológico da Índia foi criado em Pune em 1875, amalgamando vários escritórios regionais em uma força de trabalho dirigida e sistemática.

Conscientes de que as auroras eram fenômenos atmosféricos, muitos renovaram seu interesse nas ideias de William Herschel, na passagem do século XVIII para o XIX, sobre a existência de uma conexão entre man-

---

* Historiadores modernos situam a origem dessas fomes catastróficas na Índia não apenas nos problemas climáticos, mas também nas ocupações de terras pelos britânicos. Ao transformar a agricultura de subsistência local em plantações para exportação, e restringindo o comércio interno, os imperialistas enviavam alimentos valiosos para fora do país e também impediam que regiões de abundância suprissem outras mais afetadas pelas chuvas irregulares da época. Consta que durante o pior da fome havia alimentos disponíveis nos mercados, mas os pobres não podiam arcar com os preços inflacionados.

O BIBLIOTECÁRIO DO SOL

chas solares e clima. Porém, ao tentarem provar tal relação, depararam-se com um problema imediato. O que deveriam medir para caracterizar o tempo: pressão, temperatura, chuvas, tudo isso e mais ainda? À medida que chegavam os dados das várias estações meteorológicas que haviam sido instaladas por John Herschel, como linha complementar da cruzada magnética de Sabine, legiões de "joões-ninguém" mal pagos, em geral crianças com talento para a aritmética, trabalhando em turnos de doze horas, esmiuçavam os números em busca de qualquer coisa que parecesse correlacionar-se ao ciclo de manchas solares.

No início, várias coincidências promissoras foram encontradas. A média da pressão do ar na Índia parecia cair a um mínimo durante os anos em que as manchas solares estavam no máximo. Ao mesmo tempo, as tormentas no oceano Índico se tornavam mais frequentes. Mais correlações foram verificadas em outras regiões do globo. O máximo das manchas solares parecia coincidir com as temperaturas mínimas registradas na Escócia e na África do Sul; já na América do Norte, parecia ter provocado grandes precipitações pluviométricas, fazendo os Grandes Lagos subirem ao maior nível jamais registrado. As suspeitas de alguma ligação se tornaram tão fortes que, ao fim da década, nas escolas já se ensinava às crianças que o clima era regulado pelo aparecimento das manchas solares. Mas os detalhes do processo continuavam obstinadamente indefiníveis.

O matemático William Stanley Jevons via o ciclo de manchas solares influenciando o clima e até a economia. Desde meados do século XIX, os vitorianos vinham observando que o comércio mudava em ciclos de aproximadamente dez anos. As causas dos altos e baixos continuavam inexplicadas, e ocorreu a Jevons a ideia de que o ciclo econômico decenal era semelhante em duração ao ciclo de onze anos das manchas solares. Ele começou sua investigação ressuscitando a linha de William Herschel de pesquisar as colheitas. Examinou os dados históricos dos preços do trigo, da cevada, da aveia, do feijão, da ervilha, da ervilhaca e do centeio. Calculando a média dos preços, ficou espantado ao descobrir que de fato parecia haver uma repetição nos dados a cada período de onze anos, com o preço máximo das mercadorias ocorrendo no terceiro ou quarto

168 OS REIS DO SOL

ano de cada ciclo. Excitado pela correlação, apressou-se a publicar suas descobertas no recém-criado jornal científico *Nature*.

Seu trabalho foi logo criticado por basear-se em dados pouco definidos e condições matemáticas confusas. Em sua tentativa de fundamentar o resultado, Jevons também achou que a fórmula que escolhera para chegar aos preços médios havia afetado os resultados. Se mudasse ligeiramente os critérios, encontraria diferentes períodos de regularidade. Na falta de qualquer prova conclusiva de que as manchas solares de fato afetavam diretamente as colheitas britânicas, Jevons partiu em busca de outras conexões.

Enquanto os ingleses se debatiam com a depressão econômica da década de 1870 e a Índia sofria com os seus desastres climáticos, Jevons começou a trabalhar em uma nova hipótese. Com a crença já então disseminada de que o ciclo de manchas solares afetava o clima, ele propôs que em anos de escassez a demanda por produtos ingleses caía na Índia e em outros países tropicais, precipitando a crise econômica. Assim, ciclos comerciais ainda podiam estar ligados aos máximos e mínimos das manchas solares, só que não diretamente.

Sua nova ideia pouco fez para silenciar seus críticos, alguns deles astrônomos, para quem suas deduções foram longe demais. *The Times* e *The Economist* publicaram algumas réplicas rudes, apontando inconsistências em sua análise. Jevons defendeu sua teoria e continuou a aperfeiçoá-la nos poucos anos que ainda teve de vida. Em 1882, ano de sua morte, publicou outro artigo sobre o assunto, mas sua nova análise não provocou reação, pois o interesse nas supostas conexões entre manchas solares e clima havia sofrido um severo golpe no ano anterior.

O chefe da meteorologia do governo na Índia, H. F. Blandford, comunicou à Comissão da Fome que não existia uma correlação simples entre os números de manchas solares e a extensão das monções. Apesar de ser possível estabelecer padrões em retrospecto, quaisquer previsões do tempo baseadas em observações solares logo se tornavam imprecisas. Segundo Blandford, se havia alguma ligação, esta não era óbvia, direta ou útil. Pouco tempo depois, ele provou que a quantidade de neve no Himalaia poderia ser usada para prever as chuvas de monções, fazendo,

O BIBLIOTECÁRIO DO SOL 169

nesse processo, a primeira previsão do tempo a longo prazo de que se tem notícia no mundo. O sucesso do método de Blandford desviou quase totalmente o foco das manchas solares como previsoras do tempo.

Quem estava saindo de cena, junto com o interesse na relação manchas solares-clima, era o sempre cético Airy. Após 46 anos como Astrônomo Real e aos 80 anos de idade, ele se aposentou em 1881. Mudou-se da residência oficial do observatório, ao pé do monte, para as cercanias de Greenwich Park, de onde ainda podia acompanhar as atividades. Começou a trabalhar na conclusão de sua teoria lunar, na qual esperava explicar as perturbações medidas na órbita da Lua através do cálculo da influência gravitacional de todos os outros corpos celestes do sistema solar.

A essa altura, Maunder havia passado a respeitar Airy profissionalmente, mas considerava seus métodos despóticos, e sem dúvida ficou aliviado pela saída do homem. Maunder continuou a tirar suas fotografias diárias sempre que o clima inglês ajudava, e encontrou um aliado no novo Astrônomo Real, William Christie. Apesar de ter sido o primeiro assistente de Airy, Christie ficou genuinamente surpreso por ter sido escolhido como seu sucessor. Ele era um homem de temperamento afável e percepção clara; foi instruído pelo conselho diretor de Greenwich a começar de forma discreta um programa de modernização. Quase imediatamente alçou a astronomia solar a uma posição mais alta na lista de prioridades, encomendando equipamento novo, para permitir que Maunder medisse a área das manchas solares, e modificando o foto-heliógrafo de modo que ele também pudesse melhor acompanhar as alterações diárias nas manchas.

Maunder, agora no cargo de chefe do departamento solar de Greenwich, dirigia-se ao observatório duas vezes em cada dia de tempo bom e acionava o mecanismo que fazia a torre apontar para o Sol. O telescópio foto-heliográfico tinha uma abertura de 4 polegadas (pouco mais de 10 centímetros), que Maunder muitas vezes reduzia para apenas 3 polegadas em dias ensolarados. Para cortar ainda mais a luz solar e evitar a superexposição da chapa fotográfica, o foto-heliógrafo era dotado de um dispositivo engenhoso capaz de alcançar tempos de exposição de apenas um milésimo de segundo. Uma placa de bronze com uma fenda estreita se encaixava em um sulco que percorria o diâmetro do telescópio. Para armar o telescópio para tirar uma fotografia, Maunder ajustava a placa na posição, de modo a impedir inteiramente a penetração da luz solar na câmera, na outra extremidade. Com o telescópio apontado para o Sol e com a chapa do filme firmemente inserida, ele liberava a lingueta. Uma poderosa mola impelia a placa de bronze para baixo, alinhando a fenda com o feixe de luz focalizado, de apenas 1,5 centímetro de diâmetro, permitindo a passagem de uma minúscula porção da luz. Uma lente ampliava a luz para produzir uma imagem da superfície solar com um diâmetro total de aproximadamente 20 centímetros, que incidia sobre a chapa, que Maunder então retirava para revelar.

Ele ficou fascinado pelas incessantes manobras da superfície solar, afirmando que as alterações surpreendentes que havia testemunhado proporcionavam uma fonte de inesgotável interesse. Chegou a formar a ideia romântica de sua tarefa, que estaria captando o retrato do Sol, enquanto os trêmulos ímãs, no porão escuro do pavilhão de magnetismo de Greenwich, registravam o autógrafo do astro.

Com o passar dos anos, Maunder cresceu tanto em conhecimento como em confiança; o jovem calado dos tempos de Airy transformou-se em um homem de "modos suaves e fala mansa" que, no julgamento dos que o conheciam, estavam totalmente "em harmonia com um coração generoso e um caráter afável, mais profundos do que suas manifestações exteriores". Ele também alcançou considerável grau de erudição e começou a escrever para publicações que difundiam a astronomia para um público mais amplo. Além disso, dava palestras públicas visando a mesma finalidade.

Em novembro de 1882, na bruma matutina, Maunder avistou algo que o transportou de volta a sua infância. Pela janela de seu escritório em Greenwich ele viu o Sol exibindo um vermelho baço por trás da névoa e uma mancha gigantesca esparramada sobre sua superfície. O olhar de Maunder se desviou para os soldados marchando por Blackheath Common, a caminho de uma grande parada no Hyde Park, perto do palácio de Buckingham, em honra da rainha Vitória. Enquanto marchavam, eles apontavam a mancha uns aos outros. Pensando nas erupções espectros-

O BIBLIOTECÁRIO DO SOL

cópicas que os astrônomos muitas vezes relatavam ter visto, Maunder correu para a grande abóbada onde o telescópio espectroscópico de cerca de 6 metros ficava inativo durante o dia. Ele pôs o grande instrumento em funcionamento e manobrou para colocá-lo em posição. Certa ocasião ele havia escrito que registrar o espectro de uma mancha solar era como penetrar em sua alma, pois cada uma delas revelava algum aspecto que era só seu. Com efeito, ao focalizar o espectroscópio diretamente sobre aquela nódoa, ele viu um de seus segredos. Espirais brilhantes de gás de hidrogênio se elevavam das proximidades da mancha, como se expelidas sob grande pressão — uma erupção espectroscópica estava ocorrendo diante de seus olhos. Naquela noite, uma poderosa aurora iluminou o gelado céu de inverno, e a rede telegráfica entrou em colapso. Conferindo as leituras magnéticas na manhã seguinte, Maunder constatou que os instrumentos de Greenwich haviam tido uma noite agitada, muito perturbada pelo misterioso magnetismo que parecia se originar das manchas solares. Ele começou a conjecturar como poderia transformar essas coincidências em algum tipo de certeza matemática.

Revendo décadas de dados existentes, notou que a tendência geral era inequívoca, mas, toda vez que alguém tentava se aprofundar nos detalhes do processo, a conexão sempre falhava. Nem toda grande mancha solar produzia uma tempestade magnética, ao passo que em outras ocasiões até manchas bem modestas precipitavam grandes perturbações do equipamento magnético. A chave tinha que estar nas erupções. Somente quando uma mancha produzia erupções, de alguma forma ela projetava seu magnetismo sobre a Terra, e as grandes manchas aparentemente tinham mais probabilidade de provocar erupções do que as menores. Mas o maior enigma era saber por que as tempestades magnéticas ocorriam quase um dia depois da erupção. Estaria o Sol disparando uma bala de canhão de magnetismo, que se arrastava através do espaço antes de atingir a Terra? Tal conceito era como ficção científica para os vitorianos, que imaginavam que o magnetismo apenas circundava um ímã e, portanto, não poderia ser "engarrafado" e transportado para algum lugar sem mover o próprio ímã.

172 OS REIS DO SOL

Christie havia providenciado para que várias estações meteorológicas através do Império Britânico fossem equipadas com foto-heliógrafos. Suas fotografias eram enviadas para Greenwich, assegurando um registro contínuo da face do Sol. Contudo, sem a noção de como analisar matematicamente tais observações, Maunder parecia fadado a ser pouco mais do que o bibliotecário do Sol, registrando diariamente a entrada e a saída das manchas, mas sem entender de fato o que estava vendo. Quase três décadas após Sabine ter feito o primeiro anúncio do vínculo, e a despeito da montanha de dados à disposição de Maunder, a causa da conexão magnética entre o Sol e a Terra continuava indecifrável como sempre. Sem dúvida, a falta de uma formação matemática impedia que Maunder fizesse a análise dos dados, mas havia também sua carga de trabalho em Greenwich. A par dos estudos solares, ele tinha que fazer leituras espectroscópicas das estrelas à noite. E, além da prática astronômica, seus dons literários fizeram dele a escolha óbvia para editor da revista de astronomia de Greenwich, *The Observatory*.

Apesar das promessas iniciais do emprego, Maunder estava começando a sentir-se de mãos atadas. Receber notícias dos progressos feitos por amadores e por profissionais do continente no campo da astrofísica só aumentava sua frustração. Nas estrelas, eles haviam encontrado raias de Fraunhofer semelhantes e também diferentes com relação ao Sol, o que lhes permitira começar a separar as estrelas em diversas classificações. Eles também haviam provado que algumas das delicadas nebulosas eram tênues nuvens de gás e que algumas continham novas estrelas, o que os levou a confirmar a especulação de William Herschel, segundo a qual aquelas formações seriam os berçários estelares do cosmos. Também na física solar eles haviam identificado vários elementos químicos, muitos dos quais existiam como metais na Terra. No Sol esses metais foram detectados em sua forma gasosa, e alguns passaram a achar que a atmosfera do Sol era um espelho da terrestre, porém com nuvens de vapores metálicos. Quando essas nuvens caíam em forma de chuva, dilúvios de metais fundidos se precipitavam dos prometeicos céus solares.

A interminável lista de deveres de Maunder o deixava sem tempo para parar e pensar em que direção deviam ir suas próprias pesquisas e

O BIBLIOTECÁRIO DO SOL   173

qual a melhor forma de contribuir para esse esforço. Ele era o primeiro astrofísico profissional do país e, contudo, estava preso na camisa de força das exigências de sua estação. Embora admirasse o trabalho dos vários membros da RAS, ele se sentia em desacordo com o conselho diretor. Desde que fora convidado para membro em 1875, vinha batalhando para que as mulheres fossem admitidas nas fileiras da sociedade. Mediante convite especial, elas podiam assistir às reuniões, mas ainda se considerava despropositado que elas fossem autorizadas a participar verdadeiramente. A despeito de muitas tentativas de levantar a questão, Maunder não conseguiu qualquer avanço.

À sua frustração profissional veio juntar-se uma tragédia real em 1888, quando Edith morreu de tuberculose, deixando-o com cinco filhos para criar. Seu pesar alimentou sua crescente depressão e em pouco tempo ele passou a achar que não tinha nada a oferecer à ciência. Outros discordaram e o exortaram a empregar seu invejável talento para a divulgação da astronomia, fundando uma organização que promovesse o assunto a qualquer um que desejasse aprender. A ideia se coadunava com o profundo senso de equidade de Maunder, e, com a grande ajuda de seu leal irmão, fundou a British Astronomical Association, BAA [Associação Astronômica Britânica] em 1890. O ingresso era facultado a qualquer pessoa, homem ou mulher, que tivesse um interesse em astronomia, do observador casual ao comprometido. Parte da motivação de Maunder era a natureza cada vez mais técnica e matemática do trabalho praticado pelos membros da RAS. Ele dizia especificamente que a BAA atenderia aos que consideravam os artigos da RAS "avançados demais".

Por essa época, sua reputação como excelente observador chegou aos Estados Unidos e ele recebeu um convite para uma viagem à Califórnia. Isso deve ter lhe parecido a realização de um sonho; mas quando Maunder solicitou uma licença, Christie lhe negou a oportunidade, pois não havia ninguém para executar seu trabalho no observatório. Desalentado, ele escreveu ao diretor do Lick Observatory para declinar da oferta, acrescentando que Greenwich passava "por maus tempos, e eu não sou o único assistente que ficaria feliz em ter uma oportunidade mais ampla do que a oferecida aqui, para fazer um bom trabalho pela Ciência".

174 OS REIS DO SOL

Talvez como consequência de ter tornado públicos esses sentimentos, e após quinze anos labutando sozinho em Greenwich, finalmente lhe foi designado um membro da equipe para ajudá-lo com as operações matemáticas que seu trabalho exigia. Christie queria imitar o sucesso de uma inovação americana: o cargo de calculadora, no qual mulheres jovens com alto grau de instrução e formação matemática faziam os cálculos sob a orientação dos homens. O salário era miserável e o trabalho relativamente insípido, mas essa foi a primeira vez que o Observatório Real admitiu mulheres como funcionárias. Annie Scott Dill Russell aproveitou muito bem essa oportunidade.

Ela era recém-graduada em matemática pelo Girton College, Cambridge, e foi colocada sob a tutela de Maunder. Sua opinião sobre igualdade entre homens e mulheres fez com que ele a visse imediatamente como uma colega de trabalho e não como subalterna, e com certeza dedicou muitas horas a seu treinamento. Ela retribuiu essa atenção desenvolvendo um vivo interesse pelos estudos solares de Maunder e juntos formaram uma parceria simbiótica, que combinava os quinze anos de experiência de Maunder como observador e astrônomo às habilidades matemáticas de Russell.

A fotografia de 15 de novembro de 1891 revelou a Maunder uma grande mancha assomando pela borda leste do Sol. Nos dias seguintes, surgiram mais duas manchas separadas. À medida que o trio deslizava pela face do Sol, Maunder e Russell observaram-no multiplicando-se em grupos, dividindo-se como células vivas sob o microscópio de um biólogo. Eles se admiraram com as enormes forças que deviam estar em ação sob a superfície do Sol e se deleitaram com a complexa beleza das manchas até elas sumirem de vista, ao passarem para o outro lado.

Maunder sabia que essa provavelmente não seria a última vez que via essas manchas especiais. Aguardando o momento propício, viu sua paciência recompensada no dia 12 de dezembro, quando a rotação do Sol fez um dos grupos reaparecer. Dos outros dois agrupamentos, um havia se transformado de manchas escuras em um aglomerado de placas brilhantes, enquanto o outro havia desaparecido por completo. Um dia depois, o agrupamento sumido voltou a formar-se espontaneamente,

O BIBLIOTECÁRIO DO SOL

no ponto exato em que Maunder havia calculado que estivera no mês anterior. Crescendo com extrema rapidez, dividiu-se em dois, pouco antes de arrastar-se de novo para o outro lado do Sol e sumir de vista.

Enfrentando o frio do inverno, Maunder e Russell captaram a terceira passagem de um grupo em janeiro, e conseguiram segui-lo durante seis dias apenas em seu próximo retorno, em fevereiro. A essa altura, ele havia crescido bastante, tornando-se uma cavidade escancarada que lembrava muito as manchas que Maunder havia visto em 1882. Pesquisando em suas anotações, ele percebeu que essa era maior até que aquelas manchas gigantes, e a maior jamais fotografada por Greenwich.

Enquanto ela deslizava pelo Sol, Maunder conjecturava se desencadearia uma tempestade auroral. E ele não se desapontou. Um dia antes do dia de São Valentim, o céu palpitou com uma pulsação vermelha à medida que a mancha despejava sua energia magnética. Os telegrafistas tiveram outro dia de interrupções, e as recém-inventadas linhas telefônicas ficaram inoperantes com ruídos estridentes e sinais de chamadas nas linhas. Em Princeton, Nova Jersey, os habitantes e estudantes saíram às ruas para apreciar o espetáculo, alguns deles chegando a proclamar que uma enorme calamidade havia se abatido sobre o mundo.

Maunder não foi o único cientista a observar a mancha de fevereiro de 1892 com extasiada fascinação. Nos Estados Unidos, um jovem impetuoso estava colocando em risco seu casamento para tentar decifrar os segredos do Sol.

11

Nova erupção, nova tempestade, nova compreensão, 1892-1909

George Ellery Hale havia se casado com Evelina, sua namorada desde a adolescência, dois dias depois de sua formatura do Massachusetts Institute of Technology. Levou-a para morar na casa dos pais dele em Kenwood, elegante subúrbio de Chicago; a família havia enriquecido com a venda de elevadores para empresas de construção após o incêndio de 1871 que havia devastado a cidade.

Apesar de suas credenciais acadêmicas serem ainda recentes, Hale já era reconhecido como um dos melhores astrônomos do mundo. Antes de graduar-se, já havia estudado minuciosamente a técnica da análise espectral de Bunsen e Kirchhoff, e usou o conceito para inventar um novo instrumento, o espectro-helioscópio, que representou um avanço sobre o foto-heliógrafo de Kew. Com o novo aparelho, era possível tirar fotografias do Sol em um só comprimento de onda de luz, reduzindo significativamente o brilho, para mostrar ricos padrões de detalhes. Quando a notícia de sua invenção se espalhou, Hale recebeu ofertas de emprego de universidades de várias partes dos Estados Unidos e da Europa. Temendo ser usado por acadêmicos interessados mais em seus conhecimentos do que nele mesmo, discutiu as ofertas com seu pai, e este acabou concluindo que a melhor maneira de proteger seu filho contra a exploração seria fornecer-lhe tudo que fosse necessário para montar um observatório no terreno de sua casa em Kenwood.

178   OS REIS DO SOL

Os trabalhos de construção começaram com um complexo de três andares reunindo cúpula e escritório e terminaram com uma cerimônia de inauguração em 1891, com a presença de mais de cem convidados, muitos deles renomados astrônomos e acadêmicos americanos. Auxiliado por seus fascinados irmãos, Martha e William, Hale iniciou um exaustivo programa de estudos solares, que fez Evelina sentir-se excluída. Até seu relacionamento com a mãe de Hale era conturbado. A matriarca sofria de enxaqueca e insistia que a casa da família fosse mantida escura e silenciosa, de modo que o único refúgio de Evelina era o observatório, onde ficava sentada apreciando a atividade do marido.

As manchas de fevereiro de 1892 proporcionaram a Hale uma excelente oportunidade de aperfeiçoar suas fotografias da superfície solar com um só comprimento de onda. Quando outro grupo complexo de manchas solares apareceu em julho, ele estava normalmente tirando e revelando entre cinco e dez fotografias por dia. Hale começou a fotografar uma determinada mancha solar no dia 8 daquele mês, quando ela surgiu pela borda leste do Sol. Com o passar dos dias, a mancha se dividiu em duas e, no dia 15, ao aproximar-se do meridiano central do Sol, uma brilhante crista de gás resplandecente apareceu entre as duas manchas separadas. Sua primeira fotografia daquele dia foi tirada à tarde, e a segunda, apenas doze minutos depois. Fez alguns ajustes no telescópio e expôs uma terceira chapa vinte e sete minutos depois. Ao revelar as imagens, na primeira as manchas apareciam como ele esperava vê-las, mas a segunda mostrou algo totalmente diferente. Acima do par, havia uma brilhante faixa de luz, estendendo-se para o espaço e terminando em uma esfera incandescente branca. Espantado, revelou a terceira fotografia: a faixa brilhante havia desaparecido, mas as manchas estavam totalmente engolfadas por uma cortina de gás cintilante.

Ele voltou depressa para o telescópio e o preparou para uso visual. Embora visse brilhantes nuvens de hidrogênio que envolviam a mancha irradiando suavemente o resto de sua energia explosiva para o espaço, como as brasas de uma fogueira se apagando, a cena havia praticamente voltado ao normal. Era quase uma repetição da importante observação de Carrington, pois Hale havia testemunhado uma poderosa erupção

NOVA ERUPÇÃO, NOVA TEMPESTADE, NOVA COMPREENSÃO 179

solar esgarçando-se para o espaço, acima de um grupo de manchas solares. Seu equipamento mais sensível lhe permitira acompanhar os efeitos posteriores da explosão por mais tempo do que Carrington, mas os paralelos eram óbvios. No dia seguinte, ocorreu uma séria perturbação nas linhas de comunicações, com uma elevação para 210 volts nas linhas entre Nova York e Elizabeth, em Nova Jersey.

Encontrando-se no lugar certo na hora certa, Hale havia conseguido registrar a erupção em uma fotografia com seu espectro-helioscópio, assegurando sua fama nos círculos astronômicos e consolidando o interesse que sempre demonstrara no estudo do Sol. Pouco depois desse sucesso, a recém-fundada Universidade de Chicago o procurou, oferecendo emprego. O pai de Hale, atuando como seu agente, negociou condições generosas. Hale trabalharia na universidade como professor de astrofísica, e essa foi a primeira vez que o termo foi usado oficialmente. Seu observatório de Kenwood seria desmontado e reinstalado no campus da universidade, em um lugar onde, em menino, Hale costumava colher morangos silvestres. Em troca por essa transferência, a universidade subsequentemente liberaria uma verba não inferior a 250 mil dólares para Hale construir um segundo observatório, mais bem equipado.

Evelina ficou feliz com a mudança, que a arrancaria da pressão sufocante da casa dos Hale e lhe permitiria estabelecer uma vida social com as esposas dos outros professores da universidade.

O novo observatório foi construído em Williams Bay, Wisconsin, recebendo o nome de Charles Yerkes, um banqueiro caído em desgraça que havia financiado o projeto na esperança de que esse ato de filantropia restaurasse sua posição social, após ter cumprido sete meses de prisão por apropriação indébita. Pouco tempo depois, Hale fundou a American Astronomical Society e a primeira revista profissional dedicada à publicação das descobertas da nova astronomia, chamada, apropriadamente, *The Astrophysical Journal*, que se mantém até hoje como publicação importante.

Com a fotografia de Hale mostrando a erupção circulando também entre os astrônomos britânicos, começou a partida final. A conexão magnética Sol-Terra entrou na agenda científica de uma nova geração

180 OS REIS DO SOL

de astrônomos, pois os contendores originais a essa altura já se haviam reunido a Carrington e Herschel no além.

Após uma saída ignominiosa da Royal Society, o coronel Edward Sabine terminou sua série de catálogos magnéticos e chegou aos 93 anos, vindo a falecer em 1883, em East Sheen. O ex-diretor do Observatório de Kew, Balfour Stewart, saíra gravemente ferido de um acidente ferroviário em 1870, mas havia se recuperado para ocupar a cátedra de física em Manchester até sua morte em 1887. Sua grande contribuição foi desenvolver as ideias inspiradas pelas perturbações magnéticas associadas à erupção de Carrington, e deduzir que a atmosfera superior da Terra possuía um escudo gasoso eletricamente carregado, que hoje conhecemos como a ionosfera. Warren de la Rue, em seguida à transferência do foto-heliógrafo de Kew para Greenwich e à entrega de seus outros telescópios para o Observatório Radcliffe, Oxford, gozou uma tranquila aposentadoria até seu falecimento, em 1889.

Mesmo o obstinado George Airy se despediu deste mundo sem chegar a completar sua teoria lunar. Quando descobriu um erro em sua análise inicial, a perspectiva de ter de refazer todos os cálculos matemáticos lhe tirou toda a vontade de continuar o trabalho. Em seus escritos durante a aposentadoria, nos quais se referia a si mesmo no plural, ele fez um julgamento honesto de sua contribuição para a ciência. Em suas palavras: "Nosso principal progresso se deu nos ramos inferiores da astronomia, mas não acrescentamos nada aos campos superiores da ciência". Airy faleceu em janeiro de 1892, apenas seis meses antes de a erupção de Hale reacender o interesse na conexão que ele sempre rejeitara.

Entre os novos investigadores, Maunder se encontrava na vanguarda. Inspirado pela ocorrência previsível de tempestades magnéticas quando a mancha solar de fevereiro havia cruzado o meridiano central do Sol, ele afinal se propôs a demonstrar a ligação entre as tempestades magnéticas e as grandes manchas solares. O constante fracasso de tais investigações reforçava a opinião de um novo e poderoso inimigo: Sir William Thomson, também conhecido como barão Kelvin de Largs.

Lorde Kelvin era um colosso na ciência. Primeiro cientista elevado à nobreza, certa ocasião proferiu uma palestra no Instituto dos Engenhei-

NOVA ERUPÇÃO, NOVA TEMPESTADE, NOVA COMPREENSÃO 181

ros Civis, na qual declarou: "Quando podemos mensurar o que estamos abordando e expressá-lo em números, conhecemos algo sobre o assunto." Esse ponto de vista lhe foi muito útil, especialmente quando ele usou a matemática para ajudar a planejar a colocação do cabo telegráfico transatlântico operacional em 1866, tarefa que até George Airy havia considerado impossível.

Kelvin utilizava sua matemática como se fosse um florete, acertando direto no próprio coração do problema. Quando a ideia de que as manchas solares provocavam as tempestades magnéticas voltou a despertar interesse, ele decidiu pôr um fim — de uma vez por todas — ao que acreditava ser superstição científica. E optou por desferir seu ataque a partir da mais importante tribuna da ciência: o discurso presidencial à Royal Society.

Apesar de terem brotado novas organizações científicas durante a fértil primavera da ciência moderna durante o século XIX, a Royal Society não havia perdido sua característica de proeminência. Ainda era a entidade para a qual todos os cientistas almejavam ingressar. Lorde Kelvin assumiu sua presidência em 1890, aos 66 anos de idade. Com cabelos brancos já rareando e vasta barba, era a imagem da sabedoria vinda com a idade e falava com a convicção da segurança absoluta.

Em 30 de novembro de 1892, fez seu segundo discurso presidencial. Os membros reunidos e seus convidados ouviram-no dizer que esperava corrigir cinquenta anos de persistente dificuldade para se entender a suposta conexão entre a superfície do Sol e as tempestades magnéticas na Terra. Ele debitou a culpa pela interpretação incorreta na conta de seu "antecessor na cadeira presidencial", Edward Sabine, e insinuou que os que detinham o poder científico haviam induzido a comunidade científica ao erro. Para comprovar, citou a fala presidencial de lorde Armstrong, proferida perante a rival British Association for the Advancement of Science [Associação Britânica para o Progresso da Ciência] em 1863. O trecho fazia menção ao pico magnético associado à erupção de Carrington e à violência das subsequentes tempestades magnéticas. E sugeria que a erupção resultara da colisão de um grande meteorito com o Sol, e que esse evento havia produzido a energia que se irradiara através do espaço para desencadear a tempestade magnética na Terra.

182 OS REIS DO SOL

Esse era exatamente o tipo de raciocínio confuso que Kelvin abominava, e ele convenceu o público com uma precisa análise matemática do problema. Explicou que, depois da erupção de Carrington e das primeiras discussões sobre uma ligação com as tempestades magnéticas, o teórico escocês James Clerk Maxwell havia desenvolvido um quarteto sucinto de leis matemáticas que descreviam os vínculos inextricáveis entre eletricidade e magnetismo. Apresentando dados magnéticos de vários observatórios, Kelvin deixou claro que as tempestades magnéticas muitas vezes superavam em muito a força do magnetismo natural da Terra. Passou então a calcular quanta energia o Sol teria que gastar para exercer essa influência através de 149 milhões de quilômetros do espaço. Segundo as leis de Maxwell, a maior catástrofe magnética possível seria o polo magnético norte do Sol de repente tornar-se o polo sul, invertendo assim o campo magnético. Isso faria com que uma onda de choque magnética se precipitasse pelo espaço em todas as direções, à velocidade da luz. Assim, a energia registrada em uma tempestade magnética era apenas uma minúscula fração da verdadeira quantidade liberada no espaço.

Kelvin calculou que, para desencadear mesmo uma tempestade magnética moderada na Terra, seria preciso que o Sol liberasse em poucas horas uma energia equivalente à irradiada para o espaço durante quatro meses de sua atividade normal. No seu entender, a noção de que o Sol pudesse fazer isso e, mesmo assim, continuar com sua aparência inalterada, independente da ocasional mancha escura, era absurda.

Ele declarou que a erupção de Carrington provavelmente não tinha sido nada mais invulgar do que uma espécie de chafariz de material solar quente subindo em jato para em seguida voltar a cair sobre a superfície. Com esse comentário Kelvin mostrou que não lera a minuciosa descrição que Carrington fez da erupção, mas que se fiara apenas nos breves comentários feitos pelo ex-presidente da Associação Britânica para o Progresso da Ciência. Carrington havia descrito que o fenômeno não tinha conexão com a superfície do Sol, porque esta permaneceu inalterada, embora a erupção houvesse deslizado sobre ela por 56 mil km — quase quatro vezes e meia o diâmetro da Terra — em apenas

NOVA ERUPÇÃO, NOVA TEMPESTADE, NOVA COMPREENSÃO 183

cinco minutos. Essa simples observação provava que a erupção havia se limitado somente à atmosfera do Sol.

Sem atentar para seu erro, Kelvin exortou o público a esquecer as manchas solares e esforçar-se mais para descobrir a verdadeira conexão entre as auroras, as tempestades magnéticas e as correntes terrestres que simultaneamente percorriam as linhas telegráficas. Os comentários foram publicados na íntegra na revista *Nature* e amplamente divulgados.

Embora fosse difícil contestar a matemática de lorde Kelvin, Maunder e outros também sabiam que as estatísticas vinculando a atividade comum das manchas solares à frequência das tempestades magnéticas eram igualmente irrefutáveis. Somente nos detalhes do dia a dia é que a conexão estatística falhava. Devia estar faltando uma peça nesse quebra-cabeça. Em um gesto de conciliação para com o grande físico, alguns astrônomos começaram a sugerir que um "terceiro" fenômeno astronômico desconhecido estava afetando a Terra e o Sol, às vezes simultaneamente, às vezes só um dos dois. Na Terra, a influência provocava auroras, tempestades magnéticas e correntes terrestres, enquanto no Sol produzia manchas solares. Maunder rejeitava tudo isso como desnecessariamente complicado, e continuou convencido de que a causa fundamental estava no Sol. Infelizmente, nem ele nem sua "calculadora", Annie Russell, com seu talento matemático, conseguiram vislumbrar uma forma de provar sua convicção em uma linguagem matemática que Kelvin pudesse entender. Maunder se manteve em silêncio, apenas fazendo suas anotações diárias das manchas solares e suas características.

Trabalhando todos os dias com Annie Russell, a frustração de Maunder por ter de continuar em Greenwich amainou e ele começou a ver que poderia ter compensações significativas. Russell era não só uma incansável defensora do trabalho de Maunder, mas também uma talentosa astrônoma. Além de seus estudos do Sol, ela usou as leis matemáticas da ótica para projetar uma pequena câmera de grande angulação. Apesar de ter apenas uma lente de 3,8 cm aproximadamente, seus cálculos demonstraram que poderia registrar a pálida faixa de estrelas que constituía a Via Láctea. A faculdade onde ela havia estudado em Cambridge lhe forneceu os recursos necessários para a construção da câmera.

184 OS REIS DO SOL

Maunder se regozijava com os sucessos dela tanto quanto com os seus próprios. A despeito de ela ser mulher e mais de dez anos mais nova que ele, sua educação wesleyana o levava a tratá-la como igual, e ele apreciava seus dotes intelectuais. Juntos, discutiam sua crença comum na Bíblia e na igualdade dos sexos. Annie Russell veio a tornar-se a sra. Maunder em 28 de dezembro de 1895, e mudou-se para a casa da família em Greenwich. Os filhos e filhas de Maunder aceitaram-na como madrasta, e ele até se referia a ela como mãe deles. Annie, por sua vez, os mencionava de forma afetuosa em suas cartas, mas ela mesma não teve filhos.

A ligação pessoal criada pelo casamento fortaleceu seu relacionamento profissional, e a preparação rotineira de seus catálogos de manchas solares apurou seu trabalho em equipe. Para ela, Maunder representava sua entrada nas sociedades científicas de Londres, a maioria das quais ainda excluía as mulheres. Para ele, Annie era ao mesmo tempo sua musa e sua matemática.

Aproximando-se o ano de 1898, a British Astronomical Association de Maunder tomou a dianteira na organização de uma viagem à Índia para assistir ao eclipse total do Sol, que ocorreria em 22 de janeiro daquele ano. Ao contrário da expedição de Airy em 1860, não houve seleção de projetos científicos. A viagem seria aberta a quem pudesse pagar seus custos. Uma expedição semelhante da BAA havia sido realizada em 1896 para o eclipse na Noruega. Apesar do tempo nublado, a experiência reforçara na BAA a noção da sua própria utilidade e lhe proporcionara uma boa dose de credibilidade pública. Dessa vez, os Maunder concluíram que a câmera de Annie seria o instrumento ideal para captar os tênues detalhes da atmosfera exterior do Sol. Foi esse o principal objetivo que estabeleceram para o próximo eclipse.

A trajetória do eclipse não passava por nenhuma grande cidade que fosse adequada, e Maunder então resolveu ir para a aldeia de Masur, que era servida por uma ferrovia. Pouco antes da partida, relatos de um violento surto epidêmico na região frustraram esses planos. Decidido a fazer a viagem, Maunder, sua esposa e mais três caçadores de eclipses embarcaram em um navio da P&O (Peninsular & Oriental Steamship

NOVA ERUPÇÃO, NOVA TEMPESTADE, NOVA COMPREENSÃO 185

Company), o RMS (Royal Mail Service) *Ballaarat*, em Tilbury, no dia 8 de dezembro de 1897, sem a mínima ideia do que esperava por eles na Índia.

No navio, os astrônomos passavam o tempo fazendo estimativas diárias da longitude em que se encontravam e examinando um grupo de manchas solares que se deslocava sobre o disco do Sol. Para facilitar essa tarefa, eles se posicionavam de tal forma que a fumaça da chaminé ficasse diante do Sol, para reduzir seu brilho. Ao anoitecer, quando o Sol mergulhava no horizonte, competiam entre si para ver quem seria o primeiro a avistar o pontinho luminoso de Mercúrio no céu crepuscular. Depois apreciavam o brilho difuso da luz zodiacal, provocado pela luz solar refletida por nuvens de poeira no espaço próximo à Terra, e a luz combinada de estrelas distantes que apareciam, como a Via Láctea. Noite após noite, passeavam pelo convés, notando a descida inexorável da Estrela Polar às suas costas e o surgimento das desconhecidas constelações do sul à frente. Um dos membros do grupo fixou seu espectroscópio na parte de baixo do beliche de seu colega de cabine, para poder testar o instrumento na luz que penetrava pela escotilha.

Chegaram à Índia na manhã de segunda-feira, dia 3 de janeiro de 1898, e foram informados de que deveriam tomar o trem até a aldeia de Talni, onde haveria um acampamento montado. A viagem começou à noite para evitar o calor, levou dezoito horas e os conduziu às planícies secas da Índia central. Uma vez no acampamento, os astrônomos iniciaram seus preparativos, ao mesmo tempo em que se mantinham em guarda contra animais selvagens. A despeito das histórias que tinham ouvido de ferozes tigres, panteras e hamadríades, tudo o que viram foi uma pequena cobra. Mesmo os sons noturnos que chegavam ao acampamento eram explicados como nada mais do que simples chacais. Para Maunder, a ausência de vida selvagem de certa forma foi um desapontamento.

À noite, Annie montou sua câmera de grande angular e tirou fotografias da Via Láctea. Ela as revelou na sala escura da expedição, instalada numa choupana de taipa, com paredes "arqueadas e tortas em todas as formas de curvas fantásticas". No dia do eclipse, Annie se postou junto à câmera, enquanto os homens se agitavam com suas próprias câme-

186   OS REIS DO SOL

ras e instrumentos. A temperatura baixou, as cores desapareceram da paisagem e a escuridão se espalhou. Eles tinham apenas dois minutos para executar o trabalho. No mesmo instante Maunder ouviu um fraco lamento vindo das pessoas reunidas na aldeia. Acima desse som, o cronometrista do grupo anunciava o tempo que restava de totalidade em intervalos de dez segundos. Entregues ao trabalho, Maunder e Annie notaram que a coroa brilhava muito, tanto que proporcionava mais luz até do que a lua cheia. E também se mostrava ativa, com raios de luz se propagando pelo espaço. Annie apontou sua câmera para tirar uma fotografia. Quando a claridade voltou, os aldeões soltaram um grito de agradecimento. Os astrônomos visitantes sentiram um grande alívio, pois o tempo ajudara e suas experiências haviam funcionado.

Naquela noite, Talni explodiu em celebrações, com os aldeões entregando-se a "regozijo incontido", de acordo com Maunder. O grupo que viera para o eclipse se juntou aos festejos, e todos foram enfeitados com guirlandas de flores e untados com bétel e perfumes, mas Maunder achou a música nativa um pouco estridente para seu gosto.

Quando Annie revelou sua fotografia, marido e mulher tiveram a certeza de que a viagem tinha valido a pena. Ela havia captado a extraordinária coroa, com os feixes retos de luz leitosa que aumentavam em muitas vezes o diâmetro do Sol no espaço. Com lápis e papel, Annie deduziu que o mais longo desses raios se estendia por mais de 9.600.000 km no vácuo. Esse cálculo excitou a imaginação de Maunder.

Ele começou a conjecturar se os feixes poderiam ter origem nas manchas solares. Sua esposa talvez tivesse captado uma visão dos raios solares responsáveis pelas tempestades magnéticas. Ele imaginou o Sol em sua rotação espalhando esses feixes através do espaço, como um gigantesco farol celeste. Quando ocorria de um deles vir na direção da Terra, qualquer emissão estranha que contivesse golpeava o planeta, criando as tempestades magnéticas. Se assim fosse, a suposição de Kelvin, de que o Sol irradiava sua energia magnética de modo uniforme por todo o espaço, seria desmentida. Concentrando de alguma forma sua força eletromagnética em feixes, o Sol não gastava energia, e a objeção de Kelvin quanto à imensa força necessária se tornava insustentável; ou

NOVA ERUPÇÃO, NOVA TEMPESTADE, NOVA COMPREENSÃO 187

o feixe atingiria a Terra, desencadeando uma tempestade, ou erraria o alvo. Maunder, porém, não conhecia nenhuma teoria matemática para um comportamento magnético desse tipo. Sem isso, sua interpretação das fotografias seria mera especulação.

Sem que Maunder soubesse, nos laboratórios de Cambridge, em meio às válvulas brilhantes e ao zumbido dos geradores elétricos, alguns físicos estavam obtendo um notável progresso que com o tempo poderia vir a ajudá-lo.

Eles estavam começando a entender os raios catódicos. Esses raios misteriosos conduziam uma carga elétrica e passavam em linhas retas através de tubos de vidro dos quais se havia extraído todo o ar. Depois de uma série de experiências que mostraram a possibilidade de encurvar os raios pela aplicação de forças magnéticas ou elétricas, o físico de Cambridge, Joseph John Thomson, deduziu que os misteriosos feixes de energia eram compostos por grande quantidade de partículas carregadas negativamente. A essas partículas ele deu o nome de *elétrons*. Ele mediu sua velocidade e descobriu que elas se moviam muito mais devagar que a luz. Sobre a natureza dos elétrons, Thomson perguntou: "O que são essas partículas? São átomos, ou moléculas, ou matéria em um estado de subdivisão ainda menor?"

Por essa mesma época trabalhava em Cambridge um matemático irlandês chamado Joseph Larmor. Ele foi o elemento motivador de um golpe de estado científico que aos poucos ganhava impulso entre os tubos de raios catódicos. Larmor estava trabalhando em uma forma totalmente nova de encarar a eletricidade. Ele propôs que, em lugar das ideias de Maxwell, de campos irradiando energia elétrica como ondulações sobre a água, partículas carregadas conduziam a eletricidade como o fluxo da água num rio. Com a descoberta do elétron por Thomson, o conceito de Larmor começou a ser aceito. Embora ainda houvesse muito trabalho a fazer para seu aprimoramento, e todas as implicações dessa mudança de pensamento ainda não tivessem sido reveladas, os físicos passaram a encarar o universo de modo completamente diferente.

Aparentemente indiferente a essa nova janela para o mundo, o já idoso lorde Kelvin dirigiu-se à Sociedade Britânica para o Progresso da Ciência por ocasião da passagem do século XIX para o XX. Ele não resistiu em lançar outra investida contra a noção de que as manchas solares eram a origem das tempestades magnéticas, quando descartou completamente quaisquer considerações de que havia algum fato científico ainda não conhecido que tornasse a conexão explicável. "Não há nada de novo a ser descoberto na física hoje. Tudo o que persiste é a medição cada vez mais acurada", declarou ele insensatamente.

Foram necessários mais alguns anos para que Maunder tivesse a revelação de que precisava para enfrentar o imenso peso da opinião de Kelvin. O começo foi em outubro de 1903, quando um outro ciclo de manchas solares atingia o seu clímax. Uma mancha enorme cruzou a face do Sol, mas produziu apenas uma tempestade moderada quando passou pela parte central. Uma quinzena depois, uma mancha menor atingiu a posição e desencadeou a maior tempestade magnética já registrada por Greenwich, fazendo com que os telegrafistas do mundo passassem por mais um terrível dia de frustração.

Intrigado pela discrepância entre o tamanho da mancha e a subsequente tempestade magnética, Maunder começou a esquadrinhar os registros de Greenwich à procura das maiores perturbações magnéticas. Descobriu que dezenove grandes tempestades haviam ocorrido durante os trinta anos anteriores. Cotejou-as então com os registros de manchas solares. Para cada tempestade, ele encontrou uma grande mancha perto do centro do disco do Sol, ou uma menor, que antes havia sido enorme, ocupando o mesmo lugar. Em seguida, inverteu o processo, buscando as dezenove maiores manchas durante as mesmas três décadas, desde 1873, e comparando-as com os registros magnéticos. Dessa vez, descobriu que as dezenove maiores manchas solares haviam produzido sete tempestades magnéticas severas, sete consideráveis, duas pequenas, duas menores ainda e uma que não causou nenhuma perturbação.

Isso lhe mostrou que as tempestades magnéticas dependiam das manchas solares, mas que o tamanho dessas últimas não podia ser usado para prever a intensidade de qualquer tempestade resultante. Tal comportamento seria compreensível se as perturbações magnéticas irrompessem das manchas ao acaso e fossem direcionadas ao longo de

NOVA ERUPÇÃO, NOVA TEMPESTADE, NOVA COMPREENSÃO   189

trajetórias definidas, e não irradiadas igualmente em todas as direções. Se a mancha solar ejetava sua energia magnética apenas ao longo de certas trajetórias no espaço, então a gravidade das tempestades magnéticas era ditada por outros fatores. Por exemplo, talvez a trajetória não apontasse exatamente para a Terra. Nesse caso, mesmo uma enorme explosão sobre uma mancha solar gigante poderia não atingir a Terra, ou apenas passar de raspão, produzindo tão somente uma pequena perturbação da bússola magnética.

Para sustentar sua conclusão, Maunder e Annie começaram uma investigação abrangente, incluindo todas as tempestades magnéticas, independente de seu tamanho. Sua tarefa foi facilitada, pois o superintendente do Departamento de Magnetismo e Meteorologia de Greenwich, William Ellis, já havia classificado as tempestades nas categorias "Grande", "Ativa", "Moderada" e "Pequena". Entre os anos de 1848 e 1881, os ímãs de Greenwich haviam registrado 276 tormentas.

Durante oito meses, Maunder e Annie conferiram diligentemente os registros de manchas solares para cada dia em que ocorrera uma tempestade de qualquer magnitude. Embora os resultados parecessem promissores com relação às grandes tormentas, era impossível extrair correlações similares no caso das menores. Em alguns dias elas ocorriam quando não havia manchas visíveis, em outros, quando havia múltiplas manchas, o que levava à dúvida sobre qual delas deveria ser associada à tempestade. Assim, embora as grandes manchas estivessem claramente associadas às tempestades, sem uma forma de rastrear tal conexão até as mínimas escalas, parecia que os Maunder não tinham como provar que todas as tempestades magnéticas emanavam do Sol.

Então, ele percebeu.

Perto do fim de 1886, quatro tempestades sucessivas haviam atingido a Terra, todas separadas pelo mesmo intervalo: vinte e sete dias. Percorrendo o catálogo, encontrou outra série de quatro tempestades consecutivas no ano seguinte, também com intervalos de 27 dias entre cada uma. Aquele número lhe causou profunda impressão, pois era o tempo médio de rotação do Sol, do ponto de vista da Terra. Em outras palavras, a cada 27 dias o mesmo pedaço da superfície solar ficava voltado para a Terra. Era essa a revelação de que Maunder precisava. Ele compreendeu imediatamente que não havia necessidade dos dados sobre manchas solares para provar a conexão com o Sol; tudo de que se precisava estava nos dados das tempestades magnéticas. Se ele constatasse que as tempestades em geral se sucediam em ciclos de vinte e sete dias, isso seria suficiente para estabelecer o Sol como sua origem. Nada mais no universo se harmonizava com a Terra naquele específico período de tempo.

Um ciclo de vinte e sete dias também refutaria a noção de que o Sol irradiava o magnetismo a partir de toda a sua superfície, pois, nesse caso, não existiria a tendência de as tempestades acompanharem o período de rotação do Sol. A periodicidade de vinte e sete dias indicava claramente que a energia magnética era liberada em feixes dirigidos, oriundos de áreas específicas da superfície do Sol.

Ainda nos anos 1850, Richard Carrington havia desenvolvido uma equação para calcular a longitude do Sol em qualquer momento. Maunder estudou a fórmula e, junto com Annie, começou a calcular a longitude do Sol voltado para a Terra no início de cada tempestade magnética registrada por Greenwich. Eles constataram que, quando uma tempestade irrompia de uma determinada longitude solar, havia uma forte tendência de que o fizesse novamente vinte e sete dias depois. Das 279 tempestades analisadas, um terço havia ocorrido dessa forma, em pares. Em oito desses casos, uma terceira tormenta se seguiu na próxima rotação solar, e quatro deles ainda produziram uma quarta. Em um caso notável, seis eventos sucessivos seguiram o padrão de vinte e sete dias. Outros ainda se enquadraram no padrão quando a mesma longitude retornava, porém não na rotação seguinte, mas na outra depois dela, alcançando assim um período de recorrência de cinquenta e quatro dias.

Essa era exatamente a prova matemática de que Maunder precisava para refutar lorde Kelvin, e ele começou a preparar os cálculos para apresentá-los na Royal Astronomical Society e também na British Astronomical Association. Quando as notícias dessa descoberta se espalharam, muitos ficaram curiosos para presenciar esse desafio direto a Kelvin. Na tarde de sexta-feira, 11 de novembro de 1904, a expectativa chegou ao

NOVA ERUPÇÃO, NOVA TEMPESTADE, NOVA COMPREENSÃO 191

fim. Os membros da Royal Astronomical Society acorreram à Burlington House em Piccadilly, Londres, para ouvir Maunder expor suas ideias.

No recinto do salão de conferências, Maunder explicou aos colegas seu raciocínio do início ao fim, demonstrando claramente seu argumento de que a recorrência em vinte e sete dias vinculava as tempestades solares a regiões específicas da superfície do Sol. Em seguida, projetou a fotografia que sua mulher tirara do eclipse, mostrando os raios da coroa se projetando no espaço, e mencionou o trabalho do sueco Svante August Arrhenius, ganhador do prêmio Nobel, que havia recentemente sugerido que partículas conduzindo cargas elétricas poderiam, sob certas circunstâncias, ser expelidas do Sol, na forma de caudas de cometas. Poderia ser isso o que a sra. Maunder havia captado em sua fotografia de 1898? Ele mostrou então outra fotografia tirada por sua esposa nas ilhas Maurício, durante o eclipse total de 18 de maio de 1901. Era um close-up do quadrante sudoeste do Sol revelando fontes de gás coronal irrompendo da sua superfície e escapando para o espaço.

No brilho refletido da tela do projetor, Maunder terminou sua exposição com uma afirmação ousada: "Eu diria que, com os resultados que apresentei aqui, estamos no caminho de resolver o que há doze anos lorde Kelvin mencionou como os '50 anos' de persistente dificuldade."

O presidente da RAS, professor H. H. Turner, agradeceu a Maunder por sua apresentação tão importante e, apesar do pouco tempo restante, convidou o público para o debate. O primeiro a proclamar sua descrença foi o padre Aloysius Laurence Cortie, ligado à faculdade católica de Stonyhurst, Lancashire. Ele havia corrido para assistir à reunião daquela tarde ao tomar conhecimento do tema abordado por Maunder. Desculpando-se por não poder apresentar uma crítica mais detalhada ao trabalho, Cortie declarou não ter ouvido nada que o convencesse de que a objeção de lorde Kelvin estava errada. Outros o acompanharam em seu ceticismo, especulando como os detalhes do processo poderiam funcionar. Por exemplo, a Terra atraía para si aqueles raios? Até que distância os raios se estendiam pelo espaço? Como a Terra descarregava a eletricidade que recebia de tais raios? Sem essas respostas, eles não se sentiam em condições de dar muito crédito às palavras de Maunder.

Outros, porém, se levantaram em defesa de Maunder. Sir Robert Ball disse aos presentes que eles deveriam sentir uma grande dívida de gratidão para com Maunder, por ele ter apresentado a prova final e irrefutável das conexões magnéticas da Terra com o Sol, e que sua alocução era do tipo que todos os ali reunidos não deveriam esquecer nunca. Percebendo a crescente confusão entre os membros, o astrônomo Hugh Frank Newall, da Universidade de Cambridge, propôs que, quando trabalhos de tal magnitude fossem trazidos à RAS, deveriam ser distribuídos aos membros com antecedência, para permitir que estes viessem à reunião já tendo analisado as ideias polêmicas.

Maunder encerrou a discussão com algumas palavras corteses, dizendo aos membros que seu trabalho devia ser aprovado, ou rejeitado, após uma análise completa, e que ele compreendia que não poderia aguardar dos presentes uma aceitação pura e simples de sua palavra. Portanto, esperava que, quando eles tivessem a oportunidade de estudar o trabalho publicado, haveriam de concordar com sua interpretação. Essa expectativa mostrou-se um tanto otimista.

Na reunião de janeiro de 1905, Maunder retornou à RAS para ouvir seus críticos. As objeções ao seu trabalho haviam praticamente excluído tudo o mais da agenda da reunião. Em conversa prévia com o presidente da Sociedade, Maunder pilheriou que havia esperado ver seu trabalho "severamente bombardeado". Por trás desse verniz espirituoso, ele devia saber que a reunião seria muito importante. Maunder estava sendo julgado como um herege científico. Os acólitos de Kelvin fariam uma violenta manifestação para intimidá-lo e negar suas ideias. Qualquer postura que não fosse de total confiança em seu próprio trabalho lançaria dúvidas quanto à sua validade. Para ajudar Maunder a preparar-se, o presidente permitiu que ele visse as considerações de seu principal oponente na noite anterior à reunião. Ele então passou todo o dia seguinte montando sua defesa contra o professor Arthur Schuster, da Universidade Victoria, de Manchester. O professor não compareceu à reunião, mas enviou seus argumentos para serem lidos pelo presidente.

Schuster era um festejado pioneiro da análise de gráficos de periodicidade *(periodgram)*, uma forma de procurar padrões recorrentes em

NOVA ERUPÇÃO, NOVA TEMPESTADE, NOVA COMPREENSÃO   193

longas listas de dados. Para a análise do casal Maunder ser aceita, era vital que Schuster concordasse com sua metodologia, pois eles haviam usado exatamente uma simples análise de periodicidade para chegar às suas conclusões.*

Em Burlington House, o padre Cortie iniciou os ataques com sua prometida crítica, mas esta consistiu em pouco mais do que uma listagem de detalhes, na esperança de que as teses de Maunder de alguma forma ruíssem sob o mais brando dos golpes. Em seguida, o presidente tomou a palavra e começou a ler as considerações de Schuster. Após longa discussão sobre técnicas de análise de periodicidade e analogias, a principal conclusão de Schuster foi que Maunder podia estar certo. O professor concordou de má vontade que um período de vinte e sete dias de sequência podia ser uma interpretação dos dados. No entanto, ele não conseguia se convencer de que as tempestades magnéticas se originavam no Sol. As objeções de lorde Kelvin simplesmente estavam muito arraigadas para que Schuster aceitasse essa noção, e ele censurou Maunder por sua "afirmação um tanto jactanciosa" de ter solucionado o problema de Kelvin.

O dr. Newall de Cambridge a seguir confessou que achava a análise de periodicidade muito difícil de compreender e, por isso, havia passado o dia tentando entender a validade do trabalho de Maunder, arrumando livros com capas coloridas em seu gabinete. Livros com lombada vermelha representavam dias de tempestades magnéticas, e todos os outros, dias calmos. Colocando-os a esmo na estante, conjecturou se por acaso conseguiria reproduzir uma sequência semelhante à que Maunder via nas tempestades magnéticas. Se conseguisse, isso invalidaria as afirmações de Maunder. Nem é preciso dizer que por fim se acabaram os livros e também o espaço na estante e ele se viu forçado a tentar completar

---

* Schuster havia apresentado há pouco tempo à Royal Society uma série de trabalhos altamente teóricos sobre análise de periodicidade. Ainda como estudante universitário, ele havia iniciado sua carreira científica, aparentemente com uma abordagem mais experimental. Durante o auge das discussões do final da década de 1870 sobre manchas solares e suas conexões com o clima, ele havia declarado que os anos de boas safras de vinho na Europa ocidental ocorriam em intervalos de aproximadamente onze anos. Não se sabe até hoje se essa conexão era real ou alguma brincadeira de estudante

194   OS REIS DO SOL

a experiência na imaginação. O ponto que ele estava procurando demonstrar era que considerava a escolha de Maunder para o período de rotação do Sol muito arbitrária e que gostaria de vê-lo tentar a análise com outros períodos também.

Os que se opunham a Maunder acabaram discutindo entre si, com o padre Cortie achando que fora mal-interpretado e outros querendo debater a validade da análise de periodicidade de Schuster. Em meio a essa confusão, um ilustre visitante da Sociedade pediu a palavra. Tratava-se nada menos do que o professor Joseph Larmor, que recentemente fora nomeado professor de matemática na cátedra Lucasiana, e que viera a convite do astrônomo de Greenwich, Frank Dyson. Larmor ainda estava desenvolvendo sua teoria da eletricidade que defendia o fluxo de elétrons contra as ondas de energia eletromagnética.

Ele explicou que não pretendia se manifestar na reunião, mas, ao ouvir o tom da discussão, sentiu-se compelido pelo dever a falar em defesa de Maunder. Larmor vira o artigo original de novembro e durante uma semana inteira estudara sua lógica. Ele conhecia bem a análise de periodicidade e afirmou aos membros reunidos que a parte de estatística da associação de Maunder era ao mesmo tempo convincente e sólida. Em resumo, continuou ele, devia mesmo haver uma conexão com o Sol, e a única dúvida era a natureza dessa conexão. Para explicar, recorreu à nova teoria dos elétrons, em desenvolvimento, e disse que os fluxos de elétrons poderiam igualmente conduzir eletromagnetismo em uma só direção. Tais fluxos estavam claramente sugeridos na análise de Maunder, e pareciam ter sido registrados nas fotografias de Annie.

Larmor apresentou uma sugestão a Maunder com respeito à defesa que este fizera da teoria das partículas de Arrhenius. Mais de uma década antes, em 1892, o físico irlandês George Francis FitzGerald havia sugerido que as manchas solares poderiam ser a origem de "alguma emanação como a cauda de um cometa" e que, uma vez ejetada para o espaço, pelas condições explosivas que, conforme observado, ocorriam acima das manchas, tal emanação podia cruzar o espaço em um dia aproximadamente e, às vezes, atingir a Terra. Tratava-se de uma sugestão notavelmente presciente, mas passou despercebida, por ter sido feita no

NOVA ERUPÇÃO, NOVA TEMPESTADE, NOVA COMPREENSÃO 195

mesmo mês da maciça divulgação das críticas de Kelvin ao setor. Graças à análise de Maunder e ao trabalho experimental em Greenwich, Larmor acreditava que já era tempo de essa hipótese ser levada a sério. Ele estava convencido de que as menores partículas que a humanidade conhecia eram os agentes da interação do Sol com a Terra, e, com essa compreensão, todo um novo universo de possibilidades se abria diante de seus olhos. Investigações sobre essa rica tapeçaria da interação das partículas acenavam para o século XX e viriam a distingui-lo do século anterior.

Lorde Kelvin, cujas observações de 1892 haviam incentivado as confrontações, não se manifestou sobre o assunto. Agora, em sua velhice, não admitiu nada a Maunder, mas também não o contradisse. Os opositores continuaram a fazer barulho durante todo o ano seguinte. O padre Sidgreaves, colega do padre Cortie, destacou dois casos do fim de 1889, quando duas perturbações magnéticas irromperam de um Sol sem manchas. Nesse caso, como ficava a teoria de Maunder? Este respondeu com habilidade, mostrando que aquelas tempestades magnéticas haviam ocorrido quando uma longitude solar específica ficara de frente para a Terra e, nas rotações anteriores, tal longitude havia alojado um grande grupo de manchas solares. As duas perturbações citadas pelo padre Sidgreaves tinham sido o tiro de largada de uma grande sequência de seis tempestades. Maunder concluiu que regiões do Sol podiam permanecer magneticamente ativas depois que as manchas visíveis se acalmavam. Ele também encontrou exemplos de outras erupções "cegas" que pressagiavam o aparecimento de manchas solares, indicando o crescimento da atividade magnética que, em seu ápice, provocava a abertura das manchas.

Nos Estados Unidos, George Hale soube do trabalho de Maunder e sentiu que ficara para trás. Sua fotografia da erupção de 1892 havia concentrado a atenção dos astrônomos sobre o Sol, mas durante a década seguinte a administração do Observatório Yerkes o manteve tão ocupado que ele sentiu não ter feito nada no campo da pesquisa solar. "Novas ideias me ocorrem muito lentamente e só como resultado de raciocínio constante dentro e fora das horas de expediente", ele escreveu a um colega. O dia a dia do funcionamento de Yerkes não dava margem para isso. Sua frustração o levou a explorar a Califórnia, onde encontrou um local perfeito para um observatório no Monte Wilson.

Em 1905, ele decidiu desligar-se de Yerkes, montar um novo observatório dedicado à pesquisa solar na Califórnia e recuperar o tempo perdido. Além disso, tinha razões pessoais para tal mudança. Sua filha Margareth, de 8 anos, estava doente; ele a havia deixado com a mãe, Evelina, na Califórnia, na esperança de que os ares mais quentes fizessem bem à menina. Ele viu frustrada sua expectativa de reunir-se a elas quando o presidente da Universidade de Chicago, William Rainy Harper, se recusou a aceitar seu pedido de demissão.

Harper considerava que Hale estava abandonando o barco no momento em que Yerkes mais precisava dele. Charles Yerkes havia retirado seu apoio financeiro para o observatório, transferindo-se para Londres, para investir no transporte subterrâneo que estava sendo desenvolvido lá. O que deixou Harper particularmente irritado foi o fato de Hale ter conseguido US$300.000 do Instituto Carnegie para construir o Observatório Solar do Monte Wilson. Era um dinheiro de que Yerkes necessitava muito. O assunto tornou-se desagradável e se arrastou por meses, até que a junta de curadores da Universidade interveio para autorizar Hale a receber o dinheiro e seguir seu caminho.

Na Califórnia, o Observatório do Monte Wilson tomava forma rapidamente e Hale se empenhou em restabelecer suas credenciais como observador solar de primeira linha. Sua dedicação deu frutos três anos depois, quando ele foi o primeiro a detectar fortes campos magnéticos nas manchas solares. Mais tarde, em 10 de setembro de 1908, ele viu os primeiros sinais de atividade acima de uma mancha solar. Reconhecendo aí o comportamento da erupção de 1892, observou cuidadosamente e fotografou a erupção solar resultante. Ele divulgou os sinais reveladores a serem observados, ou seja, um aumento no brilho das nuvens que cercavam manchas particularmente complexas, e outros pesquisadores passaram a reconhecer os indícios de uma erupção iminente. Em 12 de maio de 1909, um de seus colegas no observatório do Monte Wilson captou uma nova explosão e, mais tarde naquele ano, mais uma erupção

NOVA ERUPÇÃO, NOVA TEMPESTADE, NOVA COMPREENSÃO 197

foi detectada por Londres. Em ambos os casos, uma grande tempestade magnética ocorreu aproximadamente um dia depois. A conexão era evidente.

Todas as tentativas em busca da certeza, que haviam começado naquela manhã de 1º de setembro de 1859, quando Richard Carrington avistou a insólita vibração de luz sobre uma gigantesca mancha solar, estavam chegando ao fim. A Terra não era um globo isolado no espaço. Estava sujeita ao capricho do Sol, que poderia liberar um estranho tipo de intempérie na forma de nuvens de partículas eletricamente carregadas que eram impelidas através do espaço, desencadeando tempestades magnéticas e auroras. Agora os cientistas podiam dedicar-se inteiramente à investigação desse processo dos mais estranhos e, ao fazê-lo, desbravar novas fronteiras para a ciência.

12

Jogo de espera

William Ellis havia iniciado sua carreira científica em 1852, como sucessor de Carrington no Observatório de Durham, e a encerrou como colega de Maunder em Greenwich, supervisionando o departamento de magnetismo e meteorologia. Nessa função, ele era o encarregado de registrar os dados magnéticos diários. Seu único descuido se deu no dia em que ele visitou uma estação de energia próxima e voltou de lá tendo inadvertidamente magnetizado seu guarda-chuva. Durante uma semana, sua equipe ficou intrigada com a peculiar deflexão das agulhas magnéticas que ocorria todos os dias entre 9 da manhã e 3 da tarde. A verdade foi logo descoberta quando um funcionário atento verificou a coincidência entre os distúrbios e o horário de expediente de Ellis.

Enquanto Maunder preparava a prova de que as tempestades magnéticas eram lançadas a partir de manchas solares específicas em direções aleatórias, Ellis percebia uma implicação da modéstia de nosso planeta. A Terra, por maior que possa parecer na superfície, na realidade é um alvo pequeno no espaço. A maior parte das salvas magnéticas do Sol provavelmente passa bem longe de nosso planeta e, portanto, escapa aos olhos humanos. Observadores terrestres estavam, na verdade, espiando através de um buraco de fechadura e tentando descrever o que havia do outro lado. Em 1904, às vésperas de sua aposentadoria, Ellis se apresentou perante a Royal Astronomical Society, expressando um desejo: "Se fosse possível instalar observatórios em algum dos outros

200 OS REIS DO SOL

planetas de nosso sistema solar, e manter comunicação com eles, poderíamos ampliar em muito nosso conhecimento sobre a ação das forças que nos rodeiam."

Quase um século depois, os astrônomos efetivamente conseguiram concretizar isso durante as erupções do Halloween de 2003. Os instrumentos magnéticos não estavam na verdade assentados sobre superfícies planetárias, mas viajando pelo espaço em sondas robóticas. Quando o Sol despejava sua fúria em todas as direções, as várias espaçonaves registravam o máximo que podiam.

Depois de passar pela Terra em 29 de outubro de 2003, a enorme nuvem de gás em ebulição seguiu em frente. Ao alcançar Marte, uma vez e meia mais distante do Sol que a Terra, sua fúria praticamente não havia diminuído. A espaçonave *Mars Odissey* da Nasa orbitava o planeta vermelho, mapeando-o e medindo os níveis de radiação que astronautas teriam que enfrentar no caso de uma viagem tripulada. Quando a nuvem eletrificada envolveu Marte e seu visitante em órbita, o monitor de radiação queimou, com a sobrecarga do próprio fenômeno que ele devia medir. Os outros instrumentos na *Mars Odissey* observaram a onda de choque deformando a tênue atmosfera marciana a ponto de rompê-la, arrancando um grande naco e levando-o consigo para o vazio do espaço profundo. Os atônitos cientistas se deram conta de que o manto natural de magnetismo da Terra havia sido o único fator a livrar nossa atmosfera de um ataque semelhante.

Uma das erupções solares daquela quinzena atingiu o gigante Júpiter, cinco vezes mais distante e numa direção completamente diferente da Terra. Ela provocou auroras naquele planeta e uma enorme tempestade magnética, que disparou para o espaço furiosas ondas de rádio durante uma semana. A espaçonave *Ulysses,* um projeto conjunto europeu-americano, que estava usando a poderosa gravidade de Júpiter para ser desviada de volta na direção do Sol, captou a força total dessas ondas de rádio. A pequena nave *Cassini* registrou um evento magnético semelhante ao aproximar-se de Saturno, o belo planeta dos anéis, dez vezes mais afastado do Sol e, novamente, em outra direção com relação à Terra.

JOGO DE ESPERA 201

Deixando os planetas para trás, as explosões de gás se afastaram para as profundezas do sistema solar, dispersando-se e enfraquecendo gradualmente enquanto seguiam seu caminho. Porém, se os cientistas pensaram que já haviam visto tudo em matéria de tempestades, estavam enganados. Em abril de 2004, as nuvens que haviam feito parte do Sol alcançaram a velha espaçonave *Voyager 2*. Na década de 1980, ela havia mostrado ao mundo as primeiras imagens em close-up de Júpiter, Saturno, Urano e Netuno. Agora, ela se encontrava a uma distância de cerca de 11 bilhões de quilômetros, incapaz de voltar para casa por causa da velocidade que havia alcançado durante seus encontros planetários. A onda de choque que varreu a *Voyager 2*, embora com força diminuída, ainda era poderosa, e os astrônomos perceberam que ela teria um profundo efeito quando atingisse os próprios limites do sistema solar.

Assim como a Terra tem sua capa de magnetismo, o Sol também tem a sua. O campo magnético do Sol se estende para além dos planetas, até uma distância total de cerca de aproximadamente 19 bilhões de quilômetros. A energia conduzida pelas tempestades do Halloween sustentaria a bolha magnética do Sol, expandindo-a por mais 640 milhões de quilômetros.

Essa percepção representou uma assombrosa nova forma de conceber a Galáxia. Além do campo magnético do Sol, existe a influência magnética das outras estrelas. O espaço profundo já não era um reino de estrelas individuais dispersas no vácuo como ilhas brilhantes num mar negro. Era, sim, um lugar de vastos domínios magnéticos, cada um centrado em uma estrela e pulsando em sintonia com a batida do coração magnético desta.

Espantosamente também, a espaçonave que havia revelado essa nova visão da Galáxia se baseava na tecnologia que se tornara possível pela própria revolução que havia permitido a compreensão das tempestades magnéticas. Aquela que havia sido iniciada pelo matemático Joseph Larmor e pelos cientistas que realizavam experiências com partículas em Cambridge. Eles voltaram os olhos para o mundo do muito pequeno e o descobriram povoado com partículas que se unem para formar átomos. No centro de um átomo há um conjunto de partículas pesadas

202 OS REIS DO SOL

conhecidas como prótons e nêutrons. Os prótons têm cargas elétricas positivas e os nêutrons não têm carga. Os elétrons de J. J. Thomson têm cargas negativas, são os componentes mais leves dos átomos e giram em torno do núcleo.

O comportamento desse mundo submicroscópico foi finalmente descrito por um conjunto de equações matemáticas desenvolvidas por um grupo de físicos europeus durante a década de 1920, a que se deu o nome de *teoria do quantum*. Esta representava uma forma fundamentalmente diferente de se encarar a física. Em lugar de forças sendo visualizadas em grande escala como volumes tridimensionais, conhecidos como campos, que eram capazes de induzir objetos desgarrados a se moverem, a teoria do quantum descrevia as forças sendo carregadas pouco a pouco em partículas. A colisão dessas partículas produzia a força que se comunicava entre os objetos.

Adotando a teoria do quantum, tornou-se possível entender os feixes de magnetismo imaginados por Maunder e seus contemporâneos. Tratava-se de nuvens de átomos despedaçados, com cada uma das partículas componentes transportando uma pequena carga elétrica que poderia colidir com o campo magnético da Terra e perturbá-lo. Muitos trilhões dessas partículas poderiam ser liberados em cada erupção solar, representando dezenas de bilhões de toneladas de matéria.

Os pesquisadores foram se tornando cada vez mais peritos na manipulação de elétrons, usando a teoria do quantum como guia, e assim nasceu a tecnologia da microeletrônica. Esta levou à revolução dos computadores, que hoje em dia impregna cada poro da pesquisa científica, em especial a exploração do espaço com o emprego de sondas automáticas.

Com a tecnologia das sondas espaciais à sua disposição, os astrônomos passaram a ver a real extensão da interação do Sol com os planetas e fizeram grande progresso no entendimento dos processos estranhos que eles chamam de *clima espacial* [*space weather*]. Atualmente, eles sabem que a pálida atmosfera exterior do Sol, que se revela durante um eclipse total, é composta de gás a milhões de graus Celsius. A temperatura arranca os elétrons de seus átomos, deixando uma massa fervilhante de eletricidade e magnetismo variáveis, que é continuamente impelida

JOGO DE ESPERA

para o espaço, em todas as direções. Essa expulsão de matéria da coroa é conhecida como vento solar e conduz a energia que cria a bolha de magnetismo que envolve o sistema solar.

Em épocas de manchas solares no mínimo, o Sol impele o vento solar para o espaço a uma velocidade constante e em todas as direções. Quando as manchas solares chegam ao seu máximo, o vento solar se torna tempestuoso, com feixes de partículas se irradiando para o espaço em alta velocidade. Annie Maunder fotografou esses feixes durante o eclipse de 1898 na Índia. É a força do vento solar que faz com que a variação diária da agulha da bússola oscile em sintonia com as manchas. No máximo solar, o vento solar parte do Sol de forma turbulenta e distorce mais as leituras magnéticas da Terra. No mínimo solar, quando o vento solar é mais uniforme, a variação diária também fica mais branda.

Além do contínuo vento solar, as erupções podem causar enormes explosões de partículas da coroa. Conhecida como *ejeção de massa coronal*, essa explosão é, quase com certeza, o que muitos dos observadores do eclipse de 1860 viram acontecer. No entanto, eles não reconheceram a importância do evento, pois não sabiam qual era o aspecto de uma coroa "normal". Somente após o sucesso de Warren de la Rue com sua fotografia do eclipse é que registros confiáveis começaram a ser feitos e comparados. Posteriormente, notou-se que a coroa sempre apresentava mais perturbações em torno da época do máximo das manchas solares. As erupções solares e as resultantes ejeções de massa coronal são a causa das tempestades magnéticas na Terra.

Graças aos sofisticados instrumentos de SOHO e outras espaçonaves, os astrônomos podem finalmente reconstruir os dramáticos eventos relacionados com a erupção de Carrington. De acordo com a dedução de Maunder e a medição de Hale, uma mancha solar é apenas a manifestação visível de uma região magneticamente ativa do Sol. A mancha se forma quando o movimento do gás eletrificado no Sol cria um arco de magnetismo fortemente comprimido, que irrompe pela superfície solar como um fio puxado de um suéter de tricô. Na base do arco, o magnetismo resfria o gás, tornando-o mais escuro do que o gás da superfície ao redor. Quanto mais potente o arco magnético, tanto maior

204 OS REIS DO SOL

e mais escura é a mancha. Quando Carrington e Maunder observavam a evolução de grupos complexos de manchas, estavam na realidade testemunhando uma congregação de arcos magnéticos. Quanto maior o número de arcos magnéticos que irrompem pela superfície do Sol, tanto mais agitado parece o grupo de manchas. Fustigados pelo movimento do gás solar em sua proximidade, os arcos oscilam milhares de quilômetros acima da superfície incandescente, entrelaçando-se, até se fundirem em uma configuração menor e mais estável. Quando isso acontece, a energia de um milhão de bombas atômicas é liberada pelos arcos magnéticos, explodindo no espaço como uma erupção solar.

A radiação de uma erupção solar leva apenas oito minutos para cruzar cerca de 150 milhões de quilômetros do espaço entre o Sol e a Terra. A maior parte da energia é conduzida em uma torrente de raios X, mas nas erupções muito grandes uma pequena porção dessa energia pode ser expelida como luz visível. Foi isso o que aconteceu em 1º de setembro de 1859, surpreendendo Carrington quando os pontos brilhantes de luz branca apareceram acima da mancha. Invisíveis para ele, mas carregando a maior parte da energia da erupção, os raios X também estavam atingindo a Terra. Eles eletrificaram as partículas da atmosfera, alterando as propriedades elétricas e magnéticas da camada mais elevada da atmosfera da Terra, o que foi detectado pelas agulhas magnéticas de Kew. O tempo da observação de Carrington e das leituras de Kew coincidiu porque os raios X chegaram exatamente ao mesmo tempo que a luz branca.

Esse primeiro choque passou em uma questão de minutos, permitindo que os instrumentos de Kew voltassem à estabilidade. Foi a calmaria antes da tempestade. Enquanto rompia a atmosfera exterior do Sol, a erupção solar havia capturado em sua esteira uma vasta nuvem de partículas eletricamente carregadas, iniciando uma ejeção de massa coronal. Ao longo das próximas horas, 10 bilhões de toneladas de elétrons e prótons foram expelidas da atmosfera exterior do Sol e postas em um curso de colisão direta com a Terra. Viajando mais lentamente do que a luz e os raios X, embora ainda a uma extraordinária velocidade de mais de 2.400 km por segundo, a nuvem de partículas só veio a atingir

JOGO DE ESPERA 205

a Terra cerca de 17 horas e meia depois. Foi essa colisão que gerou as inusitadas auroras, as tempestades magnéticas e as ondas de corrente através do sistema telegráfico. Finalmente, meio dia depois, a nuvem viajante se afastou da Terra.

As ejeções de massa coronal (CMEs, na sigla em inglês) foram definitivamente identificadas na década de 1970, quando telescópios e satélites espaciais começaram a observar o Sol de forma contínua. Em épocas de manchas solares no mínimo ocorre talvez uma CME em algum lugar do Sol a cada semana. Durante a atividade máxima do ciclo solar, esse número aumenta para dois a três por dia. De grupos particularmente complexos de manchas, conforme se comprovou durante as tempestades do Halloween de 2003, as erupções e ejeções de massa coronal podem ser quase contínuas.

Nos primeiros anos do século XXI, o dr. Bruce Tsurutani, do Laboratório de Propulsão a Jato da Nasa, se viu conjecturando quão poderosa teria sido a tempestade magnética de Carrington. Durante as últimas décadas do século XX, satélites e outros equipamentos meteorológicos no espaço haviam registrado várias grandes tempestades assustadoras. No entanto, nenhuma delas havia produzido auroras globais da extensão descrita por ocasião do evento de Carrington. Tsurutani se perguntava se esse teria sido o maior de todos.

Todas as informações sugeriam que havia sido colossal, sendo particularmente notáveis as inusitadas auroras observadas até em latitudes tropicais, mas uma prova definitiva do poder das tempestades parecia impossível. Em sua busca pelas respostas, Tsurutani encontrou outras onze grandes tempestades, mas, para sua frustração, toda vez que alguém se referia ao evento relatado por Carrington, invariavelmente usava as leituras de Kew, que haviam ultrapassado a escala.

A primeira enorme erupção com tempestade magnética registrada com equipamento moderno ocorreu em agosto de 1972, nos derradeiros dias das missões Apolo na Lua. A penúltima missão do programa havia voltado para a Terra em 27 de abril, e os preparativos para o lançamento da Apolo 17 estavam em andamento. O máximo da atividade solar havia passado e o número de manchas solares estava diminuindo, mas o Sol ainda reservava uma última surpresa do ciclo. No dia 4 de agosto, uma erupção solar desencadeou uma ejeção de massa coronal que arremessou dezenas de bilhões de toneladas de partículas solares no espaço. Os instrumentos que operam no espaço registraram a saraivada de partículas e enviaram para a Terra números assombrosos. Para cada hora em que a tempestade grassou, o espaço em torno da Terra foi engolfado por nove vezes o limite anual de radiação estabelecido para trabalhadores sujeitos à radioatividade. A tempestade durou 15 horas e meia. Se os astronautas estivessem na superfície da Lua ou em voo, teriam recebido uma dose letal de radiação nas primeiras dez horas da tempestade.

A supererupção seguinte ocorreu em 13 de março de 1989; dessa vez foi durante o período que precedia o máximo de atividade solar. O golpe resultante no campo magnético da Terra provocou picos de corrente tão grandes ao longo das linhas de energia da Terra que os controladores da rede de transmissão da Hydro-Québec, no Canadá, tiveram que lutar para proteger seu equipamento de geração de força. Às 14h44, o poder da tempestade solar se avolumou de tal forma que seus esforços resultaram vãos e 6 milhões de pessoas na região de Québec ficaram sem energia durante mais de nove horas. Essa foi apenas uma de várias emergências semelhantes em estações de energia que ocorreram por toda a América do Norte, resultando em uma despesa de cerca de 100 milhões de dólares em reparos durante o ciclo.

Enquanto pesquisava o evento de Carrington, Tsurutani fez uma viagem à Índia para uma conferência acadêmica. Durante um jantar, sentou-se ao lado do professor Gurbax Lakhina, do Instituto Indiano de Geomagnetismo, e os dois conversaram a respeito das pesquisas de cada um. Tsurutani falou de sua frustração por não ter conseguido encontrar uma leitura definitiva para o evento de Carrington. No dia seguinte, Lakhina lhe trouxe um livro encadernado em couro, dos arquivos do instituto. O livro estava cheio de números, contendo os preciosos dados.

O Instituto Indiano de Geomagnetismo havia iniciado suas atividades em 1826, como Observatório Colaba em Bombaim. Criado pela Companhia das Índias Orientais para fornecer medições astronômicas e cronometragem para auxiliar a navegação, havia sido aperfeiçoado por

JOGO DE ESPERA

Edward Sabine para se tornar um dos observatórios magnéticos durante sua cruzada no início da década de 1840. Embora o financiamento da cruzada já tivesse cessado há algum tempo, em 1859 grupos locais interessados continuaram com os estudos magnéticos. O equipamento ali empregado estava décadas atrasado em comparação com Greenwich e Kew no tocante à capacidade, mas era manejado com precisão e zelo. Em lugar de um tambor para registro fotográfico contínuo, as leituras eram feitas manualmente por operadores que olhavam através de pequenos telescópios para observar o desvio dos magnetos suspensos por fios de seda, a uma certa distância. Lakhina havia encontrado o livro original no qual eram anotadas as medições.

O livro revelou que aqueles operadores, todos mortos há tempos, faziam suas leituras rotineiramente a cada hora. E assim foi nas primeiras horas do dia 2 de setembro. Às 10 horas da manhã, a leitura mostrou que algo estranho estava ocorrendo, pois os magnetos entraram em agitação anormal. Os operadores passaram a fazer as leituras a cada quinze minutos e, depois, de cinco em cinco, quando a tempestade começou. Espiando através de seus telescópios, acompanharam a tormenta por todo o resto do dia, entrando pela noite e até a tarde de 3 de setembro, aumentando o tempo entre as leituras à medida que a situação voltava ao normal. Aquelas leituras foram transcritas naquele livro que Tsurutani tinha agora em suas mãos.

Quanto ao objeto de seu interesse, a leitura crucial fora feita por volta das 11h30 da manhã e mostrava a máxima deflexão do magneto durante a tempestade. O mais importante é que se tratava de uma leitura clara que não havia ultrapassado a escala. De volta ao Laboratório de Propulsão a Jato, Tsurutani e seus colegas começaram a inserir os números em seu computador e descobriram a verdade sobre o evento de Carrington. A tempestade magnética de 1859 foi cerca de três vezes mais intensa do que a de 1989, e superou também a de 1972. As tempestades magnéticas do Halloween de 2003 tinham sido comparativamente brandas, com uma intensidade cinco vezes menor que a do evento de Carrington.

Esta havia sido, na verdade, a perfeita tempestade solar. Quando os resultados de Tsurutani começaram a circular, mais e mais pesquisadores

208 OS REIS DO SOL

sentiram seu interesse nos eventos de 1859 se reacender. As auroras espetaculares chamaram sua atenção, pois muitos dos relatos mencionavam o tom vermelho da luz. Testemunhas oculares falavam de "mil figuras fantásticas, como que pintadas com fogo sobre um fundo preto", e de uma aurora tão brilhante que produziu "uma luz vermelha tão intensa que os tetos das casas e as folhas das árvores pareciam cobertos de sangue". Os pesquisadores sabiam que essa era uma característica de tempestades magnéticas verdadeiramente gigantescas, provocadas por quantidades maciças de elétrons colidindo com os átomos de oxigênio a uma altitude de 200-500 km na atmosfera. Posteriormente, conforme a tempestade prosseguia, os elétrons penetraram mais fundo na atmosfera, extraindo luz verde dos átomos de oxigênio que atingiam.

Em uma tempestade tão intensa como a de Carrington, os prótons mais pesados também têm seu papel a desempenhar. Normalmente eles são defletidos pelo escudo magnético da Terra, mas, em tormentas poderosas, penetram na atmosfera junto com os elétrons. Uma vez lá, ocasionam auroras ultravioleta, invisíveis aos olhos humanos, mas que provocam reações químicas. As tempestades de prótons levam à formação de nitratos, e essas moléculas pesadas mergulham então na atmosfera até o nível do solo, onde se perdem na agitação química diária da superfície da Terra. Uma pequena porcentagem dos nitratos, porém, cai sobre as regiões ártica e antártica e tem um destino diferente. Eles permanecem em vida latente, enclausurados no gelo, à medida que as sucessivas camadas de neve vão se acumulando sobre eles.

Pela velocidade com que as auroras cobriram a Terra em seguida à erupção de Carrington, a dra. Margaret Shea, do Laboratório de Pesquisas da Força Aérea em Bedford, Massachusetts, deduziu que tal erupção certamente havia sido bastante potente para forçar a entrada dos prótons na atmosfera terrestre. O que significava que teria acionado a química dos nitratos e aprisionado as provas nas camadas de gelo dos polos da Terra.

Os cientistas polares vêm aperfeiçoando a extração e análise do núcleo de gelo, a fim de poderem estudar as minúsculas bolhas da atmosfera terrestre presas em seu interior. Como as camadas de gelo são

JOGO DE ESPERA 209

tão profundas, eles podem voltar séculos no tempo para monitorar as condições climáticas, como, por exemplo, o aumento da poluição atmosférica durante a Revolução Industrial. A dra. Shea sabia que os nitratos dessas amostras de gelo deviam ter sido igualmente medidos. Reunindo uma equipe de acadêmicos de todas as partes dos Estados Unidos, ela obteve os dados de um núcleo de gelo retirado da Groenlândia em 1992. Quando de sua extração, o cilindro de gelo tinha a espessura do braço de um homem e o comprimento de um corredor, e abrangia o período de 1561 a 1950. Primeiro ele foi cortado em pedaços que pudessem ser manuseados e depois cada pedaço foi colocado na vertical sobre uma placa aquecida para derreter, de modo que a água coletada pudesse ser analisada em busca de traços de nitratos.

Com essa informação, a equipe da dra. Shea descobriu setenta grandes depósitos de nitrato, cada um vindo de uma erupção solar durante os 389 anos preservados naquele núcleo de gelo. Utilizando medidas feitas por satélites de 1950 em diante, foram encontradas mais oito erupções solares. Cada um desses setenta e oito eventos havia empurrado 2 bilhões de prótons através de cada centímetro quadrado da atmosfera terrestre. Para reduzir o número de eventos a um conjunto de dados viável, a equipe usou como ponto de referência a supererupção de agosto de 1972. Restaram, assim, dezenove supererupções que dispararam mais de 5 bilhões de prótons através de cada centímetro quadrado da atmosfera da Terra. Dessas dezenove, uma mostrou ser quatro vezes maior do que o ponto de referência. Calculando a época em que essa tempestade monstruosa havia se abatido sobre a Terra, a equipe a localizou no outono de 1859 — tratava-se do evento de Carrington. Cada centímetro quadrado da atmosfera de nosso planeta havia sido submetido a um jato de assombrosos 20 bilhões de prótons durante a tempestade.

Em 2004, uma reunião conjunta das Uniões Geofísicas do Canadá e dos Estados Unidos se realizou em Montreal. Atraindo centenas de cientistas com uma variedade de interesses, os organizadores da conferência descobriram que, à luz das tempestades do Halloween de 2003, dezenas deles desejavam apresentar suas novas investigações sobre os eventos de 1859. Tais discussões ocuparam um dia e meio da reunião de uma semana.

210 OS REIS DO SOL

Os quatro fatores necessários para uma perfeita tempestade solar são: (1) a ejeção de massa coronal causada pela erupção deve se movimentar depressa; (2) ela deve apontar diretamente para a Terra; (3) deve ser intensa, e não uma tempestade dispersa e demorada; e finalmente (4) o campo magnético conduzido pela ejeção de massa coronal deve estar exatamente na direção frontal à Terra. A tempestade de Carrington satisfazia todos esses pontos, enquanto todas as outras haviam deixado de cumprir pelo menos um deles. Por exemplo, as erupções do Halloween não tinham o campo magnético corretamente alinhado para produzir todos os danos que, de outra forma, poderiam ocasionar. Essa conclusão levou os cientistas a imaginar o que aconteceria se um evento da magnitude do de Carrington atingisse a Terra no presente. Para Edward Cliver, do Laboratório de Pesquisas da Força Aérea, de Massachusetts, tendo em vista nossa grande dependência da tecnologia baseada em eletricidade, esse seria o "pior de todos os cenários".

Se um evento desse tipo viesse a envolver a Terra hoje, deveríamos esperar, primeiro, a desintegração generalizada das comunicações radiofônicas e telefônicas. A eletrificação da atmosfera superior inibiria as telecomunicações baseadas em ondas de rádio e os telefones celulares também seriam afetados.

As estações de energia ficariam expostas a grave risco pelas altíssimas correntes que a tempestade magnética induz nas linhas de força. Em estações sem proteção adequada, tais influxos de força fundiriam os transformadores, causando cortes de energia nas cidades e colocando os idosos e doentes em perigo, especialmente se o evento ocorresse no inverno. Os oleodutos conduziriam as correntes aos depósitos de combustíveis, pondo em risco seu equipamento sensível.

O dano aos satélites seria enorme. As cargas transportadas nos elétrons e prótons sobrecarregariam e fariam entrar em curto-circuito os corações e mentes de nossos viajantes espaciais tecnológicos, comprometendo sistemas como a navegação por GPS. Mesmo que a eletricidade não os destruísse, a erosão dos painéis solares reduziria sua potência disponível. O aquecimento da atmosfera terrestre faria com que ela se expandisse, provocando a queda dos satélites em órbitas mais baixas.

JOGO DE ESPERA 211

A tempestade de março de 1989 teve um efeito mensurável sobre mais de mil satélites na órbita da Terra.

A saúde dos astronautas na Estação Espacial Internacional ficaria indefinida, conforme provado pelas extremas doses de radiação emitidas pela supererupção de agosto de 1972. Mais perto de nós, as companhias aéreas teriam que reorganizar seus voos, para afastá-los das regiões polares, e reduzir sua altitude até a parte inferior, mais densa, da atmosfera. Sem essas medidas, os passageiros poderiam ser submetidos ao equivalente a mais de dez raios X do peito durante um único voo.

É por isso que espaçonaves como o venerando cão de guarda SOHO são essenciais, para monitorar e nos alertar sobre o perigo iminente. Além de simplesmente nos informar quando uma erupção solar for detectada, dando-nos entre quinze e trinta horas de aviso prévio sobre a possível chegada da tempestade, os cientistas que trabalham com SOHO estão começando a sentir que entendem o suficiente sobre o Sol para começar a emitir algumas previsões a longo prazo.

O Sol entrou na fase de repouso de seu ciclo em 2006. Durante vinte e um dos vinte e oito dias de fevereiro, ele não apresentou qualquer mancha. Nesse período, cientistas do Centro Nacional de Pesquisas Atmosféricas dos Estados Unidos, baseado em Boulder, Colorado, usaram as informações de SOHO para prever que o próximo máximo solar será o mais ativo dos últimos cinquenta anos, possivelmente dos últimos quatro séculos. Os cientistas desenvolveram uma simulação no computador para a maneira como o gás se movimenta no interior do Sol. SOHO havia revelado vastas "esteiras transportadoras" de gás em movimento, que extraem matéria das proximidades da superfície e a arrastam até bem fundo no interior do Sol. A passagem pelo interior leva décadas, dependendo da velocidade com que o gás circula. Isso parece submergir as morrediças regiões magnéticas que antes foram manchas solares, e rejuvenescê-las lentamente. As regiões magnéticas então sobem de novo à superfície, reencarnadas como uma nova geração de manchas solares.

Com essa simulação de computador a dra. Mausumi Dikpati e sua equipe inseriram dados dos últimos oitenta anos e explicaram com sucesso o nível de cada máximo solar durante aquele período. Com a confiança inflada, rodaram o programa para o próximo máximo solar, cujo início era esperado em algum momento entre 2010 e 2012. Os resultados previam uma atividade 30-50% maior do que no máximo de 2003-2004 — talvez exatamente as condições necessárias para afinal nos apresentar outra erupção como a de Carrington.

Além dos danos que tal evento possa causar aos humanos e a sua tecnologia, alguns cientistas já estão propensos a reconsiderar o efeito que o Sol exerce sobre os sistemas climáticos da Terra. Parece que as ideias de William Herschel sobre manchas solares e o preço do trigo talvez não sejam tão absurdas, afinal.

13

A câmara de nuvens

Duzentos anos depois de William Herschel ter exortado os membros da Royal Society a investigar as ligações entre manchas solares e o clima terrestre, dois cientistas israelenses se viram fazendo exatamente o mesmo. Os drs. Lev A. Pustilnik, do Centro de Raios Cósmicos de Israel, em Tel Aviv, e Gregory Yom Din, do Instituto de Pesquisas Golan, em Kazrin, empregaram modernos métodos estatísticos para reavaliar as ideias de Herschel. Ao fim de sua análise em 2003, concluíram que o grande mestre da astronomia estava certo, afinal de contas: realmente parece haver uma conexão entre os preços do trigo na Inglaterra durante o século XVII e a atividade solar. No ciclo solar mínimo os preços ficavam mais altos do que no máximo, o que significava maior dificuldade no cultivo da safra durante o mínimo, levando a uma relativa escassez de trigo e consequente elevação do preço.

Embora Herschel não tenha conseguido na época convencer ninguém de tais conexões e tenha sido ridicularizado por seus esforços, Pustilnik e Yom Din mostraram que essa é a terceira grande descoberta científica do eminente astrônomo, equiparando-se às de Urano e da radiação infravermelha.

Sugestões da existência de vinculação entre clima e manchas solares sempre sofreram restrições pelo fato de que ninguém conseguia imaginar um mecanismo que pudesse transportar a atividade magnética do Sol para as camadas da atmosfera terrestre responsáveis pelo clima. A ideia mais óbvia era que o Sol variava seu brilho. Contudo, desde que John

214 OS REIS DO SOL

Herschel e outros pioneiros criaram dispositivos para medir a energia do Sol, em meados do século XIX, os astrônomos vinham reunindo provas para demonstrar que a luz do Sol se mantém quase constante ao longo de todo o ciclo solar.

Em décadas recentes, vários veículos espaciais vêm mantendo uma vigília constante a partir de suas órbitas e constataram claramente que o brilho do Sol varia apenas 0,1% entre o máximo e o mínimo das manchas solares. Também ocorrem variações diárias e semanais da mesma magnitude, vinculadas às "idas e vindas" de manchas individuais. No entanto, a maioria dos cientistas acha difícil acreditar que uma insignificante alteração de apenas 0,1% na energia irradiada pelo Sol possa produzir qualquer variação real no clima da Terra. Em 1997, porém, foi revelado um mecanismo plausível através do qual o Sol poderia afetar o clima da Terra. Não tinha nada a ver com a luz solar e possuía uma estranha semelhança com o anúncio de 1852 de Edward Sabine, dizendo que os magnetos terrestres variavam com o ciclo solar.

Analisando os registros de vários satélites meteorológicos, abrangendo o período de abril de 1979 a dezembro de 1992, os drs. Henrik Svensmark e Eigil Friis-Christensen, do Instituto Dinamarquês de Meteorologia, revelaram que a cobertura de nuvens da Terra variava em compasso com um fenômeno que se sabia estar ligado ao ciclo solar. Eles chamaram sua descoberta de "um elo que faltava nas relações Sol-clima". O fenômeno no cerne dessa ligação era o influxo de raios cósmicos. Esses raios misteriosos haviam sido descobertos nos primeiros anos do século XX. Eles caem do espaço em cascata sobre a Terra e são compostos por partículas semelhantes às liberadas pelo Sol, mas conduzem muito mais energia. Sua origem exata continua desconhecida, mas os astrônomos suspeitam que procedem de explosões de estrelas espalhadas através do espaço, há milhares de anos-luz, e dos centros de galáxias a milhões de anos-luz de distância. Quando eles atingem os níveis superiores da atmosfera terrestre, geram chuvas de outras partículas que caem na atmosfera inferior, colidindo ali com átomos e moléculas.

A CÂMARA DE NUVENS

Os físicos vêm monitorando a atividade dos raios cósmicos sobre a Terra desde meados do século XX e verificaram claramente que o seu número diminui em épocas de alta atividade solar. Isso ocorre, acreditam eles, porque o vento de partículas que vem do Sol se torna mais poderoso no máximo solar, inflando o campo magnético do Sol e desviando os raios cósmicos que se aproximam. As leituras diárias confirmam isso, pois os ataques de raios cósmicos diminuem notavelmente depois de grandes tempestades solares.

Svensmark e Friis-Christensen surpreenderam a comunidade científica ao mostrar que a porção da Terra coberta por nuvens variava conforme a quantidade de raios cósmicos que penetravam em nossa atmosfera. De acordo com seus dados, quanto mais raios cósmicos atingem a Terra, mais nublado fica o tempo. No mínimo solar, quando os ataques de raios cósmicos estão no máximo, nosso planeta fica de 3% a 4% mais encoberto por nuvens do que no máximo solar. Embora as nuvens retenham alguma quantidade de calor em nossa atmosfera, isso é mais do que compensado pela quantidade de luz solar que elas refletem para o espaço. Portanto, a Terra coberta de nuvens fica mais fria, dando credibilidade à afirmação de Herschel de que épocas de menos manchas solares resultam em colheitas fracas e elevação dos preços do trigo.

Os cientistas poderiam ter ressuscitado seu interesse nas ideias de Herschel mais cedo, se tivessem levado mais a sério uma das afirmações de Walter Maunder sobre manchas solares. No ano de 1922, embora aposentado há algum tempo, Maunder sentiu-se compelido a voltar ao trabalho. Ele já tinha sido obrigado a retornar a Greenwich entre 1914 e 1918, quando as abóbadas ficaram vazias em razão da convocação dos assistentes para lutarem na Primeira Guerra Mundial. Mas agora retomava o trabalho por sua conta. Havia uma ocorrência de manchas solares que para ele era mais do que óbvia, apesar de ignorada por todos ao seu redor. Primeiro, ele havia tentado chamar a atenção para a peculiaridade nos anos 1890, tendo ficado espantado porque ninguém havia entendido sua importância antes. Então, aos 71 anos e sofrendo de um problema abdominal crônico, ele se sentiu compelido a tentar mais uma vez.

216   OS REIS DO SOL

Maunder explicou que, de acordo com a extensa coletânea de registros históricos de manchas solares, compilada pela primeira vez em meados do século XIX pelo astrônomo alemão Gustav Spörer, era evidente que os pontos escuros haviam sido presenças raras na superfície solar entre os anos de 1645 e 1715. A mancha avistada em 1671 havia gerado uma excitação geral na comunidade científica, pois vinte anos haviam se passado desde uma ocorrência semelhante. Na ocasião, os astrônomos notaram que, nos anos imediatamente seguintes à primeira vez em que Galileu usou o telescópio para detectar manchas solares, as marcas no Sol haviam sido abundantes, porém nas décadas da segunda metade do século XVII, houve uma notável escassez. O retorno do Sol à vitalidade em 1715 ocasionou a grande aurora que surpreendeu de tal forma a Royal Society que Edmond Halley foi enviado para investigar o fenômeno e fazer seu relatório. Por algum motivo, na excitação causada pela aurora, a importância potencial dos setenta anos de calmaria magnética do Sol ficou esquecida.

Maunder analisou as poucas manchas vistas entre 1645 e 1715 e concluiu que se podia detectar um ciclo solar fraco. Ao relatar sua descoberta, escreveu que, assim como em uma região severamente inundada, onde apenas os pontos mais altos podem ser vistos acima da água, permitindo que se faça uma ideia da configuração do terreno alagado, assim também as manchas pareciam marcar os máximos solares a partir de uma "curva de manchas submersas".

Ele compreendeu que tal variabilidade na força do ciclo solar teria efeitos profundos sobre a conexão magnética Sol-Terra e tentou chamar a atenção das pessoas para o fato. Como havia ocorrido nos anos 1890, com suas primeiras tentativas de divulgar essa prolongada variabilidade no ciclo solar, ninguém lhe deu ouvidos. O trabalho de Maunder ficou esquecido em bibliotecas empoeiradas durante meio século, até que nos anos 1970 o dr. Jack Eddy, do Observatório de Grandes Altitudes, no Colorado, notou duas coincidências: uma irônica e outra profunda. A primeira era que os anos do "Mínimo de Maunder", como Eddy o chamou, coincidiam quase perfeitamente com o reinado de Luís XIV da França, le Roi Soleil [o rei Sol]. O fato era irônico por causa da segunda coincidência: poucas pessoas sentiram algo do calor do sol durante

A CÂMARA DE NUVENS 217

aqueles anos, pois o período do reinado abrangeu os piores anos do clima na Europa em mais de um milênio. Foi uma época de invernos extremamente rigorosos, que ficou conhecida como a Pequena Idade do Gelo. Na Holanda, os canais ficavam congelados por meses a fio, e, na Inglaterra, feiras de inverno eram organizadas a cada ano sobre a superfície solidificada do rio Tâmisa. Sob uma perspectiva moderna, essas cenas podem parecer românticas, mas para os milhões de pessoas que dependiam da luz do sol para boas colheitas foram tempos terríveis. Com tanta gente pouco acima do nível de subsistência, a escassez de alimentos durante a Pequena Idade do Gelo trouxe grandes privações e sofrimentos.

Com a constatação de Eddy de que a Pequena Idade do Gelo coincidiu com o virtual desaparecimento de manchas solares, os astrônomos e climatologistas se viram forçados a reconsiderar o papel do Sol nas mudanças climáticas.

Eddy começou a se interessar pela história da astronomia quando lecionava física solar na Universidade do Colorado. Ele descobriu que, contando anedotas históricas para ilustrar como os astrônomos do século XIX haviam lutado para desenvolver os conceitos que aterrorizavam os atuais estudantes, ele conseguia tranquilizá-los. À medida que se aprofundava mais no assunto, Eddy se deparou com as intermitentes discussões sobre a possível conexão dos padrões climáticos com o Sol. Para a comunidade da física solar dos anos 1970, incluindo o próprio Eddy, a ideia era considerada anátema. Certo dia, porém, ele se viu discutindo o assunto com o professor Eugene Parker, da Universidade de Chicago. Este sabiamente o orientou a procurar os esquecidos trabalhos de Maunder. Eddy os leu com total descrença. Convencido de que Maunder havia se enganado simplesmente por insuficiência de observações, decidiu procurar registros que preenchessem as lacunas e provassem que o Mínimo de Maunder de 1645-1715 jamais existira.

Eddy começou sua busca em bibliotecas e arquivos em seu tempo livre. Quanto mais manuscritos encontrava, mais sentia que estava "decifrando os pergaminhos do Mar Morto da física solar" e mais fascinado ficava com o que lia. Cada relatório amainava sua descrença inicial. Os documentos transmitiam uma excitação genuína ante a oportunidade de estudar uma mancha, e Eddy começou a acreditar que alguma grande interrupção havia de fato ocorrido no ciclo solar. Nesse ponto, a má sorte interferiu: quando estava no meio de sua pesquisa, o orçamento do Observatório de Grandes Altitudes sofreu um corte, e Eddy viu seu nome incluído na lista dos dispensados.

Com mulher e quatro filhos para sustentar, desistiu de sua pesquisa sobre o Mínimo de Maunder e começou uma procura frenética por outro emprego. Após uma série de rejeições, Eddy estava desesperado. Ao receber uma oferta de trabalho temporário na Nasa, para a elaboração de um volume para a história oficial de sua estação espacial Skylab, aceitou e logo descobriu que o emprego oferecia um bônus inesperado.

Ele tinha que visitar algumas universidades, a fim de entrevistar os cientistas responsáveis pela missão Skylab, o que lhe permitiu usar as bibliotecas daquelas instituições. Começou a procurar por mais registros históricos e retomou seu trabalho interrompido sobre Maunder. Ao fim, havia recolhido tantas observações de manchas solares, anteriores e posteriores ao Mínimo de Maunder, que acabou concluindo que uma queda real nos níveis de atividade do Sol era a única explicação para a falta de observações entre 1645 e 1715.

Para respaldar essa conclusão, ele repetiu a minuciosa pesquisa sobre ocorrências de auroras e constatou um assombroso aumento de dez vezes no número de relatos de auroras após o fim do Mínimo de Maunder. Não totalmente satisfeito, perguntou-se que linhas de investigação estariam abertas para ele, às quais Maunder não tivera acesso.

A resposta estava na análise do carbono dos anéis de crescimento das árvores. Todos os anos, durante a temporada de crescimento, as árvores absorvem dióxido de carbono da atmosfera e usam os átomos de carbono para formar novas células, alargando seus troncos. Esse crescimento se solidifica durante o inverno, criando um novo anel. Quando os raios cósmicos atingem a atmosfera, eles podem transformar o carbono em um isótopo conhecido como carbono-14. Este se combina com oxigênio para produzir um dióxido de carbono e pode então ser absorvido pelas árvores. Assim, a quantidade de carbono-14 em um determinado anel de crescimento revela a intensidade dos raios cósmicos daquele ano.

A CÂMARA DE NUVENS

Eddy raciocinou que, nos anos do Mínimo de Maunder, quando a atividade magnética do Sol estava seriamente reduzida, o fluxo de raios cósmicos deveria ter sido alto. Isso produziria uma proporção maior de carbono-14 do que em anos de atividade solar normal, quando a Terra estava mais blindada pelo magnetismo do Sol. Examinando os dados dos anéis de crescimento, Eddy encontrou exatamente o que estava procurando, e muito mais. Além da clara confirmação do Mínimo de Maunder, havia um outro período semelhante abrangendo os anos de 1460 a 1550, antes da invenção do telescópio. A esse período Eddy deu o nome de Mínimo de Spörer, em homenagem ao astrônomo cujo trabalho serviu de inspiração para Maunder. Curiosamente, havia também um longo período de leituras muito baixas de carbono-14, de 1100 a 1250. Isso parecia indicar uma intensa atividade do Sol naquele tempo, proporcionando à Terra um escudo magnético altamente efetivo contra os raios cósmicos. Essas datas se encaixavam com o que os climatologistas chamavam de Período Quente Medieval, quando as temperaturas nas latitudes temperadas do norte foram, em geral, mais altas. Esse período de tempo ameno e seco, e mares tranquilos, havia permitido que os vikings colonizassem a Islândia e a Groenlândia. Esta última produzia tanto trigo que exportava a safra para a Escandinávia. Foi também nesse período que dunas de areia gigantescas cruzaram as grandes planícies da América, pois a chuva era muito pouca para as plantas de estabilização do solo se fixarem e crescerem.

Intrigado pela ideia de uma conexão do Sol com o Período Quente Medieval, Eddy examinou seus registros de manchas solares. Embora a invenção do telescópio só viesse a ocorrer séculos depois dessa época, ele havia conseguido registros de manchas solares feitos a olho nu no Oriente, assim como de ocorrências de auroras, constatando uma intensificação de ambas durante um espaço de duzentos anos, tendo como ponto central o ano de 1180.

Um padrão definido começava a emergir dos dados: menos manchas solares significam menor atividade magnética, o que leva a mais impactos de raios cósmicos e temperaturas mais baixas. Trabalhando contra um considerável ceticismo de seus colegas cientistas, Eddy reuniu suas linhas de pesquisa e fez o anúncio em 1976. Ele publicou suas conclusões na mais prestigiosa revista científica dos Estados Unidos, *Science*, por considerar que esse trabalho poderia interessar também a outros cientistas além dos astrônomos. Dessa vez, onde Spörer e Maunder não tinham conseguido despertar interesse, Eddy teve êxito. Como trunfo, ele mostrou a coincidência entre a atividade solar e as grandes mudanças no clima da Terra. Ele também foi favorecido pelo fato de começarem a ganhar intensidade as preocupações com o aquecimento global. Seu artigo deu início a um debate que continua até os dias de hoje, quando pesquisadores investigam o papel do Sol nas mudanças climáticas no passado e no presente.

Desde o século XIX, as temperaturas globais subiram em média 0,6 grau Celsius no total. A maioria dos climatologistas acredita que isso se deve principalmente às atividades industriais da humanidade, produzindo poluição atmosférica, que captura a energia solar, resultando na elevação da temperatura de nosso planeta. Um grupo bem menor acredita que a variação do Sol é um fator importante, rivalizando talvez com a contribuição humana, ou mesmo suplantando-a.

No centro do debate sobre a contribuição do Sol para o aquecimento global está a exata natureza da ligação entre raios cósmicos e cobertura de nuvens, segundo Svensmark e Friis-Christensen. O problema é de difícil solução, pois os detalhes sobre o mecanismo de formação das nuvens ainda são uma espécie de enigma. Os cientistas sabem que as gotículas de água precisam de algo em torno do qual possam se condensar, para que a nuvem se desenvolva. As chamadas partículas de aerossol, com diâmetros entre 4,1 e 40 milionésimos de polegada, se prestam a isso. Elas podem ser despejadas na atmosfera através de atividade vulcânica ou queima de combustíveis fósseis. A questão é: os raios cósmicos podem catalisar a formação de mais partículas de aerossol e, assim, levar à formação de mais nuvens?

Há uma pista no trabalho pioneiro dos físicos de partículas que viveram na virada do século XX. Em suas investigações, eles descobriram que partículas eletricamente carregadas atraem as gotículas de água, formando nuvens. Então, exploraram esse comportamento, construindo

A CÂMARA DE NUVENS

dispositivos denominados câmaras de nuvens, para revelar os reinos subatômicos, invisíveis de outra forma. Encheram essas câmaras de nuvens com ar e vapor d'água e dispararam partículas eletricamente carregadas na mistura. Durante sua passagem, essas partículas colidiam com as moléculas de ar, transferindo-lhes cargas elétricas. Estas atraíam o vapor d'água, formando trilhas nebulosas que podiam ser vistas e fotografadas.

Com seu estudo de 1997, Svensmark e Friis-Christensen demonstraram que toda a Terra podia ser uma câmara de nuvens, reagindo ao bombardeamento de partículas subatômicas vindas do espaço profundo. A intensidade dos raios cósmicos na Terra tem uma variação de 15 por cento entre o máximo e o mínimo solar e, depois das variações das bússolas, representa o maior efeito mensurável da atividade solar perto da superfície da Terra. Assim como os prótons liberados nas explosões solares, os raios cósmicos também deixam suas impressões digitais no gelo polar. Em lugar de moléculas de nitrato, eles produzem um isótopo do elemento berílio, conhecido como berílio-10. Quando Pustilnik e Yom Din confirmaram a asserção de Herschel sobre os preços do trigo, usaram informações do berílio-10 dos núcleos de gelo em lugar de observações de manchas solares.

Atiçando as chamas da contribuição do Sol para o aquecimento global, temos uma evidência crescente de que sua atividade magnética está chegando a um ápice em 8 mil anos. Mais uma vez, a informação vem dos anéis de crescimento das árvores. O dr. Sami Solanki, do Max Planck Institut für Sonnensystemforschung, da Alemanha, e colaboradores realizaram um grande estudo do carbono-14 nesses anéis, para deduzir o nível da atividade solar ao longo de toda a história humana conhecida. De acordo com os resultados, os últimos setenta anos apresentaram maior atividade solar do que em qualquer outra época, em 8 mil anos, incluindo o Período Quente Medieval. Um estudo independente do professor Mike Lockwood e colegas no Rutherford Appleton Laboratory, Oxfordshire, confirmou o resultado, sugerindo ainda que a atividade magnética do Sol mais do que dobrou desde 1901. Com mais atividade magnética, mais raios cósmicos seriam desviados e menos nuvens se formariam, tornando a Terra mais quente. Para alguns, trata-se de uma prova circunstancial poderosa de que o aquecimento global é induzido pela atual atividade magnética do Sol. Outros argumentam que, embora o Sol possa realmente ter algum efeito, hoje em dia isso foi superado pela poluição produzida pelo homem. Obviamente, alguma forma de testar os efeitos do Sol ainda precisa ser descoberta.

Infelizmente, as águas estão turvadas porque as pesquisas climáticas são, muitas vezes, conduzidas politicamente. Alguns governos e grupos industriais influentes se apegam a qualquer indício de aquecimento natural como um meio de evitar o controle da poluição. Por outro lado, grupos de pressão ambiental, às vezes por sua própria filosofia, se recusam a admitir até mesmo um pequeno efeito solar sobre o clima.

Em 2000, um grupo de cinquenta e seis cientistas de universidades e instituições de pesquisa da Europa, América e Rússia se reuniu para planejar uma experiência visando investigar a contribuição dos raios cósmicos para a nebulosidade da Terra. Denominada, com uma certa dose de humor, Cosmic Leaving OUtdoor Droplets, formando a sigla CLOUD (nuvem), a experiência consistirá em disparar um feixe de prótons de alta energia através de uma nova câmara de nuvens, destinada a reproduzir as propriedades da atmosfera terrestre, com detectores para aferir a reação da atmosfera de teste aos pseudorraios cósmicos. A equipe planejava fazer as primeiras leituras no ano de 2008, usando o acelerador de partículas da Cern (Organização Europeia de Pesquisa Nuclear), na fronteira franco-suíça, para fornecer o feixe de prótons.*

Se a história dos reis do Sol tem algo a nos ensinar, certamente é que a coincidência muitas vezes é sinalizadora de uma realidade oculta. Na verdade, os cientistas de hoje se encontram em uma situação que

---

* Cern originalmente era a sigla do Conseil Européen pour la Recherche Nucléaire (Conselho Europeu para Pesquisa Nuclear). Em 1954, o nome da entidade foi mudado para Organization Européenne pour la Recherche Nucléaire (Organização Europeia de Pesquisa Nuclear). Como a nova sigla Oern soasse um tanto estranha, os dirigentes decidiram continuar com a antiga, Cern.

A CÂMARA DE NUVENS

curiosamente lembra a vivenciada pelos astrônomos do século XIX, que tentaram entender a relação das manchas solares com as tempestades magnéticas. Quer o Sol desempenhe, ou não, um importante papel no aquecimento global, sua ação de interferir com os raios cósmicos nos revela que o nosso planeta está mais intimamente ligado ao vasto Universo do que se imaginava na era vitoriana.

O poeta do século XVI John Donne escreveu a famosa frase: nenhum homem é uma ilha. Graças ao trabalho iniciado pelos reis do Sol do século XIX e continuado pelos de nossos dias, sabemos igualmente que nenhum planeta é uma ilha. Se John Herschel fosse vivo, examinando o equilíbrio das provas, poderia muito bem ter motivos para repetir suas palavras de 150 anos atrás: "Estamos a um passo de uma descoberta cósmica tão imensa que nada imaginado até hoje pode se comparar a ela."

EPÍLOGO

Fonte de magnetar

Em 27 de dezembro de 2004, a maior explosão de raios gama jamais constatada cruzou o sistema solar. Afogados na radiação, os satélites instantaneamente começaram a transmitir mensagens de alerta para seus controladores em terra. Ao passar pelo nosso planeta, uma parte da torrente ricocheteou na Lua e atingiu a Terra novamente. Fazendo a triangulação da rajada, os astrônomos descobriram que ela não vinha do Sol, mas do espaço profundo. Rastreando a explosão até sua origem, encontraram somente um corpo celeste de onde ela podia ter se originado: o suposto núcleo morto de uma estrela, com apenas vinte quilômetros de diâmetro e a uma distância de 50 mil anos-luz. Conhecido como magnetar, trata-se de um raro gênero de objetos celestes, que contêm os mais poderosos campos magnéticos que sabemos existir na natureza. Se, por um passe de mágica, fosse possível transportar um magnetar para ficar estacionado a meio caminho entre a Terra e a Lua, a força de seu campo magnético apagaria todos os cartões de crédito do planeta.

À medida que os astrônomos analisavam os dados dos raios gama, os números foram se tornando desconcertantes. A erupção do magnetar havia liberado para o espaço em um décimo de segundo mais energia do que a irradiada pelo Sol em 100 mil anos. A percepção de que um objeto tão distante pudesse inundar a Terra com tanta radiação os deixou estarrecidos. De imediato eles convocaram uma conferência para partilhar suas informações, intitulada "Uma erupção gigante de um magnetar: um ataque-relâmpago contra a Terra, vindo através da galáxia".

226 OS REIS DO SOL

Um dos palestrantes foi o professor Umran Inan, da Universidade de Stanford, na Califórnia. Ele explicou que estava registrando as ondas de rádio de baixíssima frequência produzidas pela camada mais superior da atmosfera terrestre na hora da rajada. O que seu equipamento captou naquele dia o deixou abismado. Os raios gama eram muito mais poderosos do que qualquer coisa que ele havia visto o Sol liberar e dilaceraram átomos por todo o hemisfério terrestre frontal à explosão. A atmosfera levou mais de uma hora para se recuperar.

Quase 150 anos depois de Carrington ter visto a primeira andorinha solar do verão, os astrônomos haviam tido seu primeiro vislumbre da emanação de um magnetar.

BIBLIOGRAFIA

Procurei listar os títulos apenas uma vez e nos capítulos onde são mais pertinentes.

Prólogo: Os anos do cão

Autoria desconhecida, SOHO Web pages: www.esa.int/science/soho, sohowww.estec.esa.nl/, soho.esa.int/science-e/www/area/index. cfm?fareaid=14.

Brekke, Pål (2005) SOHO and solar flares, comunicação particular.

Foullon, C., Crosby, N. and Heynderyckx, D. (2005) Towards interplanetary Space weather: Strategies for manned missions to Mars, *Space Weather* 3, S07004, doi:10.1029/2004SW000134.

Gentley, I. L., Duldig, M. L., Smart, D. F., and Sheas, M. A. (2005) Radiation dose along North American transcontinental flight paths during quiescent and disturbed geomagnetic conditions, *Space Weather* 3, S01004, doi: 10.1029/2004SW000110.

Hildner, Ernest (2005) Space Weather Services at NOAA/SEC: Update. 2nd Symposium on Space Weather, San Diego.

Hogan, Jenny (2004) Sunspot sunset, *New Scientist* 181, no. 2430, 9.

Iles, R. H. A., Jones, J. B. L., and Smith, M. J. (2005) Halloween 2003 Storms: Poviding Space Weather Services for Aviation Operations. 2nd Symposium on Space Weather, San Diego.

Jansen, F. (2004) Technical failures or effects due to the spare weather storms in the period October/November 2003. Published on http://www. www.uni-greifswald.de/.

228 OS REIS DO SOL

Joint USAF/NOAA Report of Solar and Geophysical Activity (2003) SDF No. 302.

Jones, Bryn (2005) Space Weather — Operational and Business Impacts. Airline Space Weather Workshop Report, Boulder

Jones, Bryn, Iles, R. H. A., and Smith, M. J. (2005) Integrating Space Weather Information into Global Aviation Operations. 2nd Symposium on Space Weather, San Diego.

Kappenman, John G. (2005) Impacts to Electric Power Grid Infrastructures from the Violent Sun-Earth Connection Events of October-November 2003. 2nd Symposium on Space Weather, San Diego.

Murtagh, William J. (2005) Redefining the Solar Cycle: An Operational Perspective. 2nd Symposium on Space Weather, San Diego.

NOAA Extreme Solar Flare Alert (2003) Space Weather Advisory Bulletin 03-5.

NOAA Intense Active Regions Emerge on the Sun (2003) Space Weather Advisory Bulletin 03-2.

NOAA Solar Active Region Produces Intense Solar Flare (2005) Space Weather Advisory Bulletin 03-3.

NOAA Space Weather Outlook (2003) Space Weather Advisory Outlook 03-44.

NOAA Space Weather Outlook (2003) Space Weather Advisory Outlook 03-47.

NOAA Space Weather Scales, www.sec.noaa.gov/NOAAscales/.

Tsurutani, B. T., Judge, D. L., Guarnieri, F. L., Gangopadhyay, P., Jones, A. R., Nuttall, J., Zambon, G. A., Didkovsky, L., Mannucci, A. J., Iijima, B., Meier, R. R., Immel, T. J., Woods, T. N., Prasad, S., Floyd, L., Huba, J., Solomon, S. C., Strauss, P., and Viereck, R. (2005) The October 28, 2003 extreme EUV solar flare and resultant extreme ionospheric effects: Comparison to other Halloween events and the Bastille Day event, *Geophys. Res. Lett.* 32, no. 3, L03S09.

1. A primeira andorinha do verão

Autoria desconhecida (1851) The new clipper ship *Southern Cross*, of Boston. *The Boston Daily Atlas*, edição de 5 de maio.

Bruzelius, Lars (2005) Clipper ships and aurora, comunicação particular.

BIBLIOGRAFIA

Carlowicz, Michael J., e Lopez, Ramon E., (2002) *Storms from the Sun*. Joseph Henry Press, Washington DC.

Carrington, R. C. (1860) Description of a singular appearance seen in the Sun on September 1, 1859. *Monthly Notices of the Royal Astronomical Society* 20: 13.

Davis, T. N. (1982) Carington's solar flare. Alaska Science Forum (www.gi.alaska.edu/ScienceForum), Artigo 518.

Hodgson, R. (1860) On a curious appearance seen in the Sun. *Monthly Notices of the Royal Astronomical Society* 20: 15.

———(1861) On the brilliant eruption on the Sun's surface, 1st September 1859. Relatório da 13ª Reunião da BAAS, realizada em Oxford 1860, 36. John Murray, Londres.

Loomis, Elias (1860) The great auroral exhibition of Aug. 28th to September 4th, 1859, and the geographical disribution of auroras and thunder storms — 5° Artigo. *American Journal of Science and Arts* (2nd series) 30, no. 88: 79.

———(1860) The great auroral exhibition of August 28th to September 4th, 1859 — 6° Artigo. *American Journal of Science and Arts* (2nd series) 30, no. 90: 339.

———(1860) The great auroral exhibition of August 28th to September 4th, 1859 — 2° Artigo. *American Journal of Science and Arts* (2nd series) 29, no. 85: 92.

———(1860) The great auroral exhibition of August 28th to September 4th, 1859 — 3° Artigo. *American Journal of Science and Arts* (2nd series) 29, no. 86: 249.

———(1860) The great auroral exhibition of August 28th to September 4th, 1859 — 4° Artigo. *American Journal of Science and Arts* (2nd series) 29, no. 87: 386.

———(1861) The great auroral exhibition of August 28th to September 4th, 1859 — 7° Artigo. *American Journal of Science and Arts* (2nd series) 32, no. 94: 71.

———(1861) The great auroral exhibition of August 28th to September 4th, 1859, and on auroras generally — 8° Artigo. *American Journal of Science and Arts* (2nd series) 32, no. 96: 318.

Stewart, Balfour (1861) On the great magnetic disturbance which extended from August 28 to September 7, 1859, as recorded by photography at the Kew Observatory. *Phil. Trans.* 151:423.

230 OS REIS DO SOL

————(1860) The great auroral exhibition of August 28th to September 4th, 1859. *American Journal of Science and Arts* (2nd series) 28, no. 84:385.

2. O grande absurdo de Herschel

Autoria desconhecida. Site da Royal Society: www.royalsoc.ac.uk.

————Site da Somerset House: www.somerset-house.org.uk.

Gribbin, John (2005) *The Fellowship: The Story of a Revolution.* Penguin, Londres.

Hall, Marie Boas (2002) *All Scientists Now: The Royal Society in the Nineteenth Century.* Cambridge University Press, Cambridge.

Herschel, William (1796) On the method of observing the changes that happen to the fixed stars; with some remarks on the stability of the light of our Sun. *Philosophical Transactions,* 166.

————(1800) Experiments on the refrangibility of the invisible rays of the Sun. *Philosophical Transactions,* 90: 284.

————(1800) Investigation of the powers of the prismatic colours to heat and illuminate objects; with remarks, that prove the different refrangibility of radiant heat. To which is added, an inquiry into the method of viewing the Sun advantageously, with telescopes of large apertures and high magnefying powers. *Philosophical Transactions,* 90: 255.

————(1800) On the nature and construction of the sun and fixed stars. *Philosophical Transactions,* 85: 46.

————(1801) Observations tending to investigate the nature of the Sun, in order to find the causes of symptoms of its variable emission of light and heat; with remarks on the use that may possibly be drawn from solar observations. *Philosophical Transactions,* 91: 265.

Hoskin, Michael (2003) *The Herschel Partnership: As Viewed by Caroline.* Science History Publications. Cambridge, Reino Unido.

Hoskin, Michael (org.) (2003) *Caroline Herschel's Autobiography.* Science History Publications, Cambridge, Reino Unido.

Hoskin, Michael (2005) Unfinished Business: William Herschel's sweeps for Nebulae. *History of Science* 43.

————(2005) William Herschel's sweeps for nebulae. *The Speculum* 4, no. 1: 38.

BIBLIOGRAFIA 231

Hufbauer, Karl (1991) *Exploring the Sun: Solar Science since Galileo*. Johns Hopkins University Press, Baltimore.

Lovell, D. J. (1868) Herschel's dilemma in the interpretation of thermal radiation. *Isis* 59, no. 1: 46.

Lubbock, C. (1933) *The Herschel Chronicle*. Cambridge University Press, Cambridge.

Schaffer, Simon (1980) "The Great Laboratories of the Universe": William Herschel on matter theory and planetary life. *Journal for the History of Astronomy* 11: 81.

_____(1980) Herschel in Bedlam: Natural history and stellar astronomy. *British Journal for the History of Science* 13, no. 45: 211.

_____ (1981) Uranus and the establishment of Herschel's astronomy. *Journal for the History of Astronomy* 12: 11.

Soon, Willie, and Baliunas, Sallie (2003) *The Varying Sun and Climate Change*. Fraser Forum, Vancouver.

Taylor, R. J. (org.) (1987) *History of the RAS*. 2 volumes. Blackwell Scientific Publications, Oxford.

3. A cruzada magnética

Blöckh, Alberto (1972) *Consequences of Uncontrolled Human Acitivies in the Valencia Lake Basin in The Careless Technology: Ecology and International Development*. Natural History Press, Nova York.

Cawood, John (1979) The magnetic crusade: Science and politics in early Victorian Britain. *Isis* 70, no. 254: 493.

Cliver, E. W. (1994) Solar activity and geomagnetic storms: The first 40 years. *Eos, Transactions, American Geophysical Union* 75, no. 49: 569, 574-575

Gilbert, William (trad. Sylvanus P. Thompson, 1900) *On the magnet*. Londres.

Good, Gregory (2004) *On the Verge of a New Science: Meteorology in John Herschel's Terrestrial Physics, from Beaufort to Bjerknes and Beyond: Critical Perspectives on the History of Meteorology*. International Commission on History of Meteorology, Weilheim, Alemanha.

Hawksworth, Hallan, and Atkinson, Francis B. (1926) *A Year in the Wonderland of Trees*. Charles Scribner's Sons, Nova York.

232 OS REIS DO SOL

Helferich, Gerard (2004) *Humboldt's Cosmos*. Gotham Books, Nova York.

Hoskin, Michael (1993) *Bode's Law and the Discovery of Ceres*, 21-33. Astrophysics and Space Science Library 183: Physics of Solar and Stellar Coronae, J. Linski e S. Serio (orgs.). Dordrecht, Kluwer.

Kollerstrom, N. (1992) The hollow world of Edmond Halley. *J. History of Astronomy* 23: 185.

Malin, S. R. C. (1996) Geomagnetism at the Royal Observatory, Greenwich. *Quart. J. Roy. Astron. Soc.* 372: 65.

Malin, S. R. C., and Barraclough, D. R. (1991) Humboldt and the earth's magnetic field. *Quart. J. Roy. Astron. Soc.* 32: 279.

Millman, Peter M. (1980) The Herschel dynasty — Part II: John Herschel. *J. Roy. Astron. Soc. Can.* 74, no. 4: 203.

Pumfrey, Stephen (2002) *Latitude and the Magnetic Earth*. Icon Books, Londres.

Reingold, Nathan (1975) Edward Sabine, in *Dictionary of Scientific Biography*, Vol. 12, p. 49. Charles Scribner's Sons, Nova York.

Robinson, P. R. (1982) Geomagnetic observatories in the British Isles. *Vistas in Astronomy* 26: 347.

Stern, David P. (2002) A millennium of geomagnetism. *Reviews of Geophysics* 40, no. 3:1-1-1-30 (disponível em www.phy6.org/earthmag/mill_1.htm.)

Weigl, Engelhard (2001) Alexander von Humboldt and the beginning of the environmental movement. *International Review for Humboldtian Studies, HiN* 2, no. 2.

4. No compasso do Sol

Autoria desconhecida (1876) Richard Carrington obituary. *Monthly Notices of the Royal Astronomical Society* 36: 137.

Buttman, Günther (1970) *The Shadow of the Telescope: A Biography of John Herschel*. Charles Scribner's Sons, Nova York.

Carrington, R. C. (1851) An account of the late total eclipse of the Sun on July 28, 1851, as observed at Lilla Edet. *Pamphlets of the Royal Astronomical Society* 42, no. 9.

———— (1851) On the longitude of the observatory of Durham, as found by chronometric comparisons in the year of 1851. *Monthly Notices of the Royal Astronomical Society* 12: 34.

BIBLIOGRAFIA

_____(1851) Solar eclipse of July 28, 1851, Lilla Edet, on the Göta River. *Monthly Notices of the Royal Astronomical Society* 12: 55.

Chapman, Allan (1996) *The Victorian Amateur Astronomer: Independent Astronomical Research in Britain, 1820-1920*. Wiley-Praxis, Chichester, Reino Unido.

Forbes, Eric G. (1975) Richard Christopher Carrington, in *Dictionary of Scientific Biography* vol. 3, p. 92. Charles Scribner's Sons, Nova York.

Herschel, John (1852) Letter to Edward Sabine 15/3/52. Royal Society Sabine Archives.

_____(1852) Letter to Michael Faraday 10/11/52. Royal Society Herschel Archives.

Keer, Norman C. (2000) *The Life and Times of Richard Christopher Carrington B.A. F.R.S. F.R.A.S. (1826-1875)*. Edição particular.

Kollerstrom, Nick (2001) Neptune's discovery: The British case for co-discovery. http://www.ucl.ac.uk/sts/nk/neptune/.

Lindop, Norman (1993) Richard Christopher Carrington (1826-1875) and solar physics. Project Report for M.Sc. Astronomy and Aeronautics, University of Hertfordshire, Reino Unido.

Meadows, A. J., and Kennedy, J. E. (1982) The origin of solar-terrestrial studies. *Vistas in Astronomy* 25: 419.

Rochester, G. D. (1980) The history of astronomy in the University of Durham from 1835 to 1939. *Quart. J. Roy. Astron. Soc.* 21: 369.

Sabine, Edward (1852) Letter to John Herschel 16/3/52. Royal Society Herschel Archives.

Schwabe, Heinrich (1843) Solar observations during 1843. *Astronomische Nachrichten* 20, no. 495: 234.

Scott, Robert Henry (1885) The history of the Kew Observatory. *Proceedings of the Royal Society of London* 39: 37.

Standage, Tom (2000) *The Neptune File*. Penguin, Londres.

5. Observatório noturno e diurno

Autoria desconhecida (1856) Summary of Richard Carrington's recent tour of European observatories. *Monthly Notices of the Royal Astronomical Society* 17: 43.

Carrington, R. C. (1855) Letter to G. B. Airy. Cambridge University Library, RGO Archive 6/235, 618-620.

234 OS REIS DO SOL

_____(1857) *A Catalogue of 3735 Circumpolar Stars observed at Redhill, in the years 1854, 1855, and 1856, and reduced to mean positions for 1855.* Eyre and Spottiswoode, Londres.

_____ (1857) Notice of his solar-spot observations. *Monthly Notices of the Royal Astronomical Society* 17: 53

_____ (1858) On the distribution of the solar spots in latitude since the beginning of the year 1854. *Monthly Notices of the Royal Astronomical Society* 19: 1.

_____(1858) On the evidence which the observed motions of the solar spots offer for the existence of an atmosphere surrounding the Sun. *Monthly Notices of the Royal Astronomical Society* 18: 169.

Cliver, Edward W. (2005) Carrington, Schwabe, and the Gold Medal. *Eos, Transactions, American Geophysical Union* 86, no. 43: 413, 418.

Lightman, Bernard (org.) (1997) *Victorian Science in Context.* University of Chicago Press, Chicago.

Schwabe, H. (1856) Extract of a letter from M. Schwabe to Mr. Carrington. *Monthly Notices of the Royal Astronomical Society* 17:241.

6. A perfeita tempestade solar

Burley, Jeffrey, 4 Plenderleith, Kristina (orgs.) (2005) *A History of the Radcliffe Observatory Oxford — The Biography of a Building.* Green College, Oxford.

Helfferich, Carla (1989) The rare red aurora. Alaska Science Forum (www.gi.alaska.edu/ScienceForum), Article 918.

Loomis, Elias (1869) The Aurora Borealis or Polar Light. *Harper's New Monthly Magazine* 39, no. 229.

Marsh, Benjamin V. (1861) The aurora, viewed as an electric dicharge between the magnetic poles of the Earth, modified by the Earth's magnetism. *American Journal of Science and Arts* (2nd series) 31, no. 93: 311.

Newton, H. A. (1895) Biographical memoir of Elias Loomis, in *Biographical Memoirs,* vol. 3, p. 213. National Academy of Sciences, Washington, DC.

Odenwald, Sten. www.solarstorms.org.

Siegel, Daniel M. (1975) Balfour Stewart, in *Dictionary of Scientific Biography,* vol. 13, p. 51. Charles Scribner's Sons, Nova York.

Walker, Charles V. (1861) On the magnetic storms and earth-currents. *Philosophical Transactions* 151: 89.

BIBLIOGRAFIA   235

7. Nas garras do Sol

Clerke, Agnes M. (1902) *A Popular History of Astronomy during the Nineteenth Century.* 4ª edição. A. e C. Black, Londres.

Farber, Eduard (org.) (1966) Bunsen's methodological legacy, in *Milestones of Modern Chemistry*, p. 15. Basic Books, Nova York.

Kirchhoff, G. R. (1861) On a new proposition in the theory of heat. *Phil. Mag.* 21, Series 4: 185.

_____(1861) On the chemical analysis of the solar atmosphere. *Phil. Mag.* 21, Series 4: 241.

Meadows, A. J. (1984) The origins of astrophysics, in *The General History of Astronomy*, vol. 4A (org. Owen Gingerich). Cambridge University Press, Cambridge.

Meadows, Jack (1970) *Early Solar Physics.* Pergamon Press, Londres.

Porter, R. (org.) (1994) Joseph von Fraunhofer, in *The Biographical Dictionary of Scientists.* Oxford University Press, Oxford.

Rosenfeld, L. (1973) Gustav Kirchhoff, in *Dictionary of Scientific Biography*, vol. 17, p. 379. Charles Scribner's Sons, Nova York.

Schacher, Susan G. (1970) Robert Bunsen, in *Dictionary of Scientific Biography*, vol. 2, p. 586. Charles Scribner's Sons, Nova York.

Watson, Fred (2005) *Stargazer: The Life and Times of the Telescope.* Allen and Unwin, Melbourne.

8. O maior de todos os prêmios

Autoria desconhecida (1861) Auctioneer's catalogue of sale of Redhill property. Royal Astronomical Society Pamphlets, vol. 42.

Airy, G. B. (1860) Letter to Richard Carrington. RGO Archive 6/146, 58-9.

_____ (1860) Account of observations of the total solar eclipse of 1860, July 18, made at Hereña, near Miranda de Ebro; with a notice of the general proceedings of "The Himalaya Expedition for Observation of the Total Solar Eclipse." *Monthly Notices of the Royal Astronomical Society* 21: 1.

Barnes, Melene (1973) Richard C. Carrington. *Journal of the British Astronomical Association* 83, no. 2: 122.

Carrington, R. C. (1858) Information and suggestions to persons who may be able to place themselves within the shadow of the total eclipse of the Sun on 7th September, 1858. Royal Astronomical Society Pamphlets, vol. 42.

_____ (1859) Letter to John Herschel 13/3/59. Royal Society Herschel Archives.

_____ (1860) An eye-piece for the solar eclipse. *Monthly Notices of the Royal Astronomical Society* 20: 189.

_____ (1860) Formulae for the reduction of Pastorf's observations of the solar spots. *Monthly Notices of the Royal Astronomical Society* 20: 191.

_____ (1860) Letter to George Airy. RGO Archive 6/146, 56-7.

_____ (1860) Letter to John Herschel 2/5/60. Royal Society Herschel Archives.

_____ (1860) On some previous observations of supposed planetary bodies in transit over the Sun. *Monthly Notices of the Royal Astronomical Society* 20: 192.

_____ (1860) Proposed new design for vertically placed divided circles. *Monthly Notices of the Royal Astronomical Society* 20: 190.

_____ (1861) Letters to the Vice Chancellor and Senate of Cambridge University. Syndicate Papers in Cambridge University Senate Archives.

De la Rue, Warren (1862) The Bakerian Lecture: On the total solar eclipse of July 18th, 1860, observed at Rivabellosa, Near Miranda de Ebro, in Spain. *Phil. Trans.* 152: 333.

Eddy, J. A. (1974) A nineteenth-century coronal transient. *Astron. & Astrophys.* vol. 34: 235.

Faye, M. (1860) Total solar eclipse of July 18, 1860. *American Journal of Science and Arts* (2nd series) 29, no. 85: 136.

Hingley, Peter D. (2001) The first photographic eclipse? *Astronomy and Geophysics* 42: 1.18.

Hoyt, Douglas V., and Schatten, Kenneth H. (1995) A revised listing of the number of sunspot groups made by Pastorff, 1819 to 1833. *Solar Physics* 160, no. 2: 393.

9. Morte em Devil's Jumps

Airy, George Biddell (1868) Comparison of magnetic disturbances recorded by the self-registering magnetometers at the Royal Observatory, Greenwich, with magnetic disturbances deduced from the corresponding terrestrial galvanic currents recorded by the self-registering galvanometers of the Royal Observatory. *Phil. Trans.* 158: 465

_____ (1870) Note on an extension of the comparison of magnetic disturbances with magnetic effects inferred from the observed terrestrial galvanic currents; and discussion of the magnetic effects inferred from the galvanic currents on days of tranquil magnetism. *Phil. Trans.* 160: 215.

_____ (1872) On the supposed periodicity in the elements of terrestrial magnetism, with a period of 261/3 days. *Proceedings of the Royal Society of London* 20: 308.

Autoria desconhecida (1871) Murderous assault, *The Hampshire Chronicle*, 26 de agosto, p. 7.

_____ (1871) The Farnham tragedy. *The Hampshire Chronicle*, 9 de setembro, p. 8.

_____ (1871) The tragedy near Farnham. *The Hampshire Chronicle*, 2 de setembro, p. 8.

_____ (1872) The tragedy at the Devil's Jumps, Farnham. *The Surrey Advertiser*, 30 de março, p. 2.

_____ (1875) *The Surrey Advertiser*, 11 de dezembro.

_____ (1875) Inquests, *The Times*, 7 de dezembro, p. 5.

_____ (1875) Inquests, *The Times*, 22 de novembro, p. 5.

Carrington, R. C. (1863) *Observations of the Spots on the Sun, from November 9th 1853 to March 24th 1861, Made at Redhill*. Williams and Norgate, Londres.

_____ (1863) On the financial state and progress of the Royal Astronomical Society, Royal Astronomical Society Pamphlets, vol. 42.

_____ (1865) Revenue account versus cash account — A Breeze. Royal Astronomical Society Pamphlets, vol. 42.

_____ (1866) Appeal on the accounts at a special meeting of the Royal Astronomical Society. Royal Astronomical Society Pamphlets, vol. 42.

Ellis, William (1906) Sun-spots and magnetism — A retrospect. *The Observatory* 29, no. 376: 405.

Lanzerotti, Louis J. , and Gregori, Giovanni P. (1986) *Telluric Currents: The Natural Environment and Interactions with Man-Made Systems: The Earth's Electrical Environment*. The National Academies Press, Washington, DC.

238 OS REIS DO SOL

Stewart, Balfour (1864) Remarks on sun spots. *Proceedings of the Royal Society of London*. 13:168.

Young, C. A. (1896) *The Sun* (Appleton, NovaYork).

10. O bibliotecário do Sol

Airy, George Biddell (1874) *Testimony before the Devonshire Commission, Royal Commission on Scientific Instruction and the Advancement of Science, Minutes of Evidence, Appendices, and Analyses of Evidence*, vol. 2. Eyre and Spottiswoode, Londres.

Autoria desconhecida (1882) The light in the sky. *New York Times*, 18 de abril.

Becker, Barbara J. (1993) Eclecticism, opportunism, and the evolution of a new research agenda: William and Margaret Huggins and the origin of astro-physics. Ph.D. diss., Johns Hopkins University, Baltimore. Disponível em: http://eee.uci.edu/clients/bjbecker/huggins/.

Chapman, Allan. George Biddell Airy, F. R. S. (1801-1892). A centenary commemoration. *Notes and Records of the Royal Society of London* 46, no. 1 (1992): 103.

Forbes, E. G., Meadows, A. J., and Howse, H. D. (1975) *Greenwich Observatory: The Royal Observatory at Greenwich and Herstmonceux, 1675-1975*, vols. 1-3. Taylor and Francis, Londres.

Jevons, W. S. (1878) Commercial crises and sun-spots. *Nature* 19: 33.

———(1882) The solar commercial cycle. *Nature* 26: 226.

———(1875) Influence of the sun-spot period on the price of corn. *Nature* 16.

Kinder, Anthony John (2006) Edward Walter Maunder, FRAS (1851-1928). Part I — His Life & Times. Em preparação.

Maunder, Annie S. D., e Maunder, E. Walter (1908) *The Heavens and Their Story*. Epworth Press, Londres.

Maunder, E. Walter (1900) *The Royal Greenwich Observatory. A Glance at Its History and Work*. Religious Tract Society, Londres.

Peart, Sandra (2000) "Facts Carefully Marshalled", in the *Empirical Studies of William Stanley Jevons*, vol. 33, p. 352 of *History of Political Economy*. Duke University Press, Durham, NC.

Porter, Theodore M. (1986) *The Rise of Statistical Thinking*. Princeton University Press, Princeton, NJ.

BIBLIOGRAFIA 239

Soon, Willie Wei-Hock, e Yaskell, Steven H. (2004) *The Maunder Minimum and the Variable Sun-Earth Connection.* World Scientific Publishing, Cingapura.

Stewart, Balfour (1885) Note on a preliminary comparison between the dates of cyclonic storms in Great Britain and those of magnetic disturbances at the Kew Observatory. *Proceedings of the Royal Society of London* 38: 174.

Strange, Alexander (1872) On the insufficiency of existing national observatories. *Monthly Notes of the Royal Astronomical Society* 32: 238.

————— (1874) *Testimony before the Devonshire Commission, Royal Commission on Scientific Instruction and the Advancement of Science, Minutes of Evidence, Appendices, and Analyses of Evidence,* volume 2. Eyre and Spottiswoode, Londres.

White, Michael (2000) Some difficulties with sunspots and Mr. Macleod: Adding to the bibliography of W. S. Jevons. *History of Economics Review* 31.

11. Nova erupção, nova tempestade, nova compreensão

Autoria desconhecida (1892) Brilliant electric sight: A wonderful exhibition of northern lights. *New York Times,* 14 de fevereiro.

————— (1904) Meeting of the Royal Astronomical Society, Friday 1904 January 8. *The Observatory* 27, no. 341: 75.

————— (1904) Meeting of the Royal Astronomical Society, Friday 1904 November 11. *The Observatory* 27, no. 351: 423.

—————(1905) Meeting of the British Astronomical Association, Wednesday 1905 February 22. *The Observatory* 28, no. 356: 170.

————— (1905) Meeting of the Royal Astronomical Society, Friday 1905 March 10. *The Observatory* 28, no. 356: 157.

————— (1905) Meeting of the Royal Astronomical Society, Friday 1905 January 13. *The Observatory* 28, no. 354: 77.

—————(1907) Death of Lord Kelvin. *The Times,* 18 de dezembro.

Buchwald, Jed Z. (1976) Sir William Thomson (Baron Kelvin of Largs), in *Dictionary of Scientific Biography,* vol. 13, p. 374. Charles Scribner's Sons, Nova York.

240 OS REIS DO SOL

Cliver, E. W. (1994) Solar activity and geomagnetic storms: The corpuscular hypothesis. *Eos, Transactions, American Geophysical Union* 75, no. 52: 609, 612-613.

————— (1995) Solar activity and geomagnetic storms: From M regions and flares to coronal holes and CMEs. *Eos, Transactions, American Geophysical Union* 76, no. 8: 75, 83.

Cortie, A. L. (1903) Sun-spots and terrestrial magnetism. *The Observatory* 26, no. 334: 318.

Ellis, William (1880) On the relation between the diurnal range of magnetic declination and horizontal force, as observed at the Royal Observatory, Greenwich, during the years 1841 to 1877, and the period of solar spot frequency. *Phil. Trans.* 171: 541.

————— (1892) On the simultaneity of magnetic variations at different places on occasions of magnetic disturbances, and on the relation between magnetic and earth current fenomena. *Proceedings of the Royal Society of London* 52: 191.

————— (1904) The auroras and magnetic disturbance. *Monthly Notices of the Royal Astronomical Society* 64: 228.

Hale, George Ellery (1892) A remarkable solar disturbance. *Astron. Astrophys.* 11: 611.

————— (1908) On the probable existence of a magnetic field in sun-spots. *Astrophysical Journal* 28: 315.

————— (1931) The spectrohelioscope and its work, Part III: Solar eruptions and their apparent terrestrial effects. *Astrophysical Journal* 73: 379.

Kellehar, Florence M. (1997) George Ellery Hale, Yerkes Observatory Virtual Museum: astro.uchicago.edu/yerkes/virtualmuseum/.

Maunder, E. Walter (1892) Note on the history of the great sun-spot of 1892. February. *Monthly Notices of the Royal Astronomical Society* 52: 484.

————— (1899) *The Indian Eclipse 1898: Report of the Expedition Organized by the British Astronomical Association to observe the Total Solar Eclipse of 1898, January 22.* Hazell, Watson, and Viney Ltd., Londres.

————— (1904) Further note on the "great" magnetic storms, 1875-1903, and their association with sun-spots. *Monthly Notices of the Royal Society* 64: 222.

————— (1904) The "great" magnetic storms, 1875 to 1903, and their association with sun-spots, as recorded at the Royal Observatory, Greenwich. *Monthly Notices of the Royal Society* 64: 205.

BIBLIOGRAFIA

————(1905) The solar origin of terrestrial magnetic disturbances, *Popular Astronomy* 13, no. 2: 59.

————(1906) The solar origin of terrestrial magnetic disturbances, *Journal of the British Astronomical Society* 26:140.

————(1907) Abstract of lecture delivered before the Association at the meeting held on December 19 on Greenwich sun-spot observations and some of their results. *Journal of the British Astronomical Society* 27: 125.

Pang, Alex Soo Jung-Kim (2002) *Empire and the Sun: Victorian Solar Eclipse Expeditions.* Stanford University Press, Stanford, CA.

Proctor, Richard A. (1891) *Other Suns than Ours.* W. H. Allen and Co., Londres.

Thomson, Sir William (Lord Kelvin) (1892) Presidential address on the Anniversary of the Royal Society. *Nature* 47, no. 1205: 106.

Warner, Deborah Jean (1974) Edward Walter Maunder, in *Dictionary of Scientific Biography,* vol. 9, p. 183. Charles Scribner's Sons, Nova York.

12. Jogo de espera

Autoria desconhecida (2004) Spacecraft fleet tracks blast wave through solar system, NASA Release 04-217.

Dikpati, Mausumi, de Toma, Giulana, and Gilman Peter A. (2006) Predicting the strength of solar cycle 24 using a flux-transport dynamo-based tool. *Geophys. Res. Lett,* 33: L05102.

Lovett, Richard A. (2004) Dark side of the sun. *New Scientist,* 4 de setembro, p. 44.

Odenwald, Sten (1999) Solar storms. *Washington Post,* 10 de março.

Shea, M. A., Smart, D. F., McCracken, K. G., Dreschhoff, G. A. M., and Spence, H. E. (2004) Solar proton events for 450 years: The Carrington event in perspective. *Eos, Transactions, American Geophysical Union* 85, no. 17, Jt. Assem.Suppl. Abstract SH51B-04.

Tsurutani, B. T., Gonzalez, W. D., Lakhina, G. S., and Alex, S., (2003) The extreme magnetic storm of 1-2 September 1859. *J. Geophys. Res.* 108 (A7): 1268, doi: 10.1029/2002JA009504.

Vários (2004) Solar and Heliospheric Physics, Session SH43A and SH51B, at 2004 Joint Assembly of the AGU.

242 OS REIS DO SOL

Wilson, John W., Cucinotta, Francis A., Jones, T. D., and Chang, C. K. (1997) Astronaut protection from solar event of August 4, 1972. NASA Technical Paper 3643.

13. A câmara de nuvens

Baliunas, Sallie (1999) Why so hot? Don't blame man, blame the sun. *Wall Street Journal,* 5 de agosto.

Beer, J., Tobias, S. M., and Weiss, N. O. (1998) An active sun throughout the Maunder Minimum. *Solar Physics* 181:237.

Bingham, Robert (2006) The CLOUD proposal, private communication.

Chapman, Allan (1994) Edmond Halley's use of historical evidence in the advancement of science. *Notes and Records of the Royal Society of London* 48, no. 2: 167.

Eddy, Jack (1977) The case of the missing sunspots. *Scientific American,* maio, p.80.

_____(1976) The Maunder Minimum. *Science* 192, no. 4245: 1189.

_____(1980) Climate and the role of the sun. *Journal of Interdisciplinary History* 10, no. 4: 725.

Fastrup, B., Pedersen, E., e 54 outros (2000) A study of the link between cosmic ray and clouds with a cloud chamber at the CERN PS. CERN/ SPSC 2000-021 SPSC/P317.

Feldman, Theodore S. (ano desconhecido) Solar variability and climate change: A historical overview. Disponível em http://www.agu.org/history/SV.shtml.

Halley, Edmond (1715) An account of the late surprizing appearance of the lights seen in the air, on the sixth of March last. *Phil. Trans.* 29:406.

_____ (1719) An account of the phaenomena of a very extraordinary aurora borealis, seen at London on November 10, 1719. *Phil. Trans.* 30: 1099.

Maunder, E. Walter (1890) Professor Spoerer's researches on sun-spots. *Monthly Notices of the Royal Astronomical Society* 50: 251.

_____(1922) The prolonged sunspot minimum 1645-1715. *Journal of the British Astronomical Society* 32: 140.

McKee, Maggie (2004) Sunspots more active than for 8000 years. New Scientist.com, postado em 27 de outubro.

BIBLIOGRAFIA

Pustilnik, Lev. A., and Yom Din, Gregory (2003) Influence of solar activity on state of wheat market in medieval England. *Proceedings of International Cosmic Ray Conference 2003*. Disponível em xxx.lanl.gov/abs/astro-ph/0312244.

Solanski, S. K., Usoskin, I. G., Kromer, B., Schüssler, M., and Beer, J. (2004) Unusual activity on the Sun during recent decades compared to the previous 11,000 years. *Nature* 431: 1084.

Svensmark, Henrik, and Friis-Christensen, Eigil (1997) Variation of cosmic ray flux and global cloud coverage — a missing link in solar climate relationships. *Journal of Atmospheric and Solar-Terrestrial Physics* 59, no. 11: 1225.

Tinsley, Brian A. (2005) Evidence for space weather affecting tropospheric weather and climate. 2nd Symposium on Space Weather, San Diego

Weart, Spencer (1999) Interview with Jack Eddy, April 21, 1991. Disponível em http://www.agu.org/history/sv/solar/index.shtml.

Epílogo: Fonte de magnetar

Inan, U., Lehitnen, N., Moore, R., Hurley, K., Boggs, S. Smith, D., and Fishman, G. J. (2005) Massive disturbance of the daytime lower ionosphere by the giant X-ray flare from Magnetar SGR 1806-20. Abstract IAGA2005-A-00844. Disponível em www.cosis.net.

Soloman, Robert C. (2003) "Magnetars," soft gamma ray repeaters and very strong magnetic fields. Publicado em solomon.as.utexas.edu/~duncan/magnetar.html.

Índice

Actinômetro, 78

Adams, John Couch, 79, 80; e o Observatório de Cambridge, 135, 136

airglow (brilho do ar), 45

Airy, George Biddell, 86, 87, 143, 144, 159, 161, 180, 181; e o eclipse solar de 1860, 123, 124; aposentadoria, 169; e a força de trabalho em Greenwich, 165

alteração das rotas aéreas, 17

American Astronomical Society, 179

análise de carbono-14 nos anéis de crescimento das árvores, 218, 219, 221

análise de gráficos de periodicidade, 192

análise espectral118, 119

Apolo, missões na Lua, 205

aquecimento global, 220, 221

Arrhenius, Svante August, 191

asteroides. *Ver* Ceres; Juno; Pallas

Astronomical Society (Sociedade Astronômica), 62

atmosfera solar, 120

aurora, 14, 15; de 28 de agosto de 1859, 105, 108; de 2 de setembro de 1859, 27, 31, 33, 109, 111; arco, 27, 28; cor, 27; coroa, 27, 28; mapeamento, por Elias Loomis, 89-91; mancha27; raia, 27, 28; aurora austral, 22; ultravioleta, 208

auroras ultravioleta, 207

BAA. *Ver* British Astronomical Association

BAAS. *Ver* British Association for the Advancement of Science

Baily, Contas de, 125

Baily, Francis, 125

Barão Kelvin de Largs. *Ver* Thompson, William.

Berílio-10, 221

Blanford, H. F., 168

Bode, Johann Elert, 56

British Association for the Advancement of Science — BAAS (Associação Britânica para o Progresso da Ciência), 54-47; aquisição do Observatório de Kew, 87

British Astronomical Association — BAA (Associação Astronômica Britânica), 173; expedição para observar o eclipse de 1898 na Índia, 184, 186

Brougham, Henry, 54, 55
Bunsen, bico de, 118
Bunsen, Robert, e as raias de Fraunhofer, 118, 119
bússola magnética, 66, 67

câmara de nuvens, 221, 222
Carbono-14, 218, 219, 221
Carrington, erupção de, 27, 103, 104, 153, 126, 171; análise moderna da, 205, 211
Carrington, Richard Christopher, 24, 38, 79, 85, 101, 103; e o Observatório de Cambridge, 135, 139; residência em Churt, 147; morte de Rosa, 154, 155; "rotação diferencial" do Sol, 99; e o Observatório de Durham, 81, 82, 85, 86; e o Observatório de Furze Hill, 91, 92; e Heinrich Schwabe, 96, 97; casamento com Rosa Helen Rodway, 147, 152; e o Observatório de Middle Devil's Jump, 147; análise moderna da erupção de Carrington, 205, 211; catálogo das estrelas setentrionais, 94, 97; e o Observatório Radcliffe101, 102, 121, 122; Medalha de Ouro da RAS em 1859, 97 venda em 1861, 140, 140; e o eclipse solar de 185183, 84; e o eclipse solar de 1860, 125, 126; estudos sobre erupções solares, 27, 101, 102, 153, 203; observações solares de, 24, 27, 83, 84, 93, 99; suicídio de, 155,; catálogo de manchas solares, 145
Cassini, nave espacial, 16; e as erupções do Halloween, 201
catálogo das estrelas setentrionais de Carrington, 94, 97
Ceres (asteroide), 56, 57

Cern, 222
Challis, James, 80, 81, 134, 135
Christie, William, 169
ciclo solar, 88, 89, 92
ciclos econômicos e ciclo de onze anos de manchas solares, 167
clima espacial, 202
CLOUD. Ver Cosmics Leaving OUtdoor Droplets
CME. Ver ejeção de massa coronal
cobertura de nuvens e raios cósmicos, 214, 216
componentes atômicos, 202; elétrons, 187; prótons, 208, 209
computadores, revolução dos, 201, 202
Comte, Auguste, 117
coroa solar, 132
Cosmics Leaving Outdoor Droplets (CLOUD), 221, 222

De la Rue, Warren, 123, 124, 180; expedição à Espanha para o eclipse de 1860, 124, 132; e o foto-heliógrafo de Kew, 123, 124
declinação magnética, 67
desmatamento, 66
Devonshire, Comissão, 159, 161, 163
difração, rede de, 116
Durham, medida da longitude de, 82
Durham, Observatório de, 81, 82, 84, 85

eclipse solar; de 1851, 83, 84; de 1860, 124, 140; de 1898, 184, 186
Eddy, Jack, 216, 220; e o Mínimo de Maunder, 216, 218; e o Mínimo de Spörer, 219
ejeção de massa coronal (CME — Coronal Mass Ejection), 202, 205
elétrons, 186

ÍNDICE

Ellis, William, 199; classificação das tempestades magnéticas, 189
equador magnético, 66, 68
erupção solar; erupção de 4 de agosto de 1972, 205; erupção de 13 de março de 1989, 206; Carrington, 27, 102, 103, 156, 202, 205, 209; Hale178, 179; erupções do Halloween, 12, 13, 15, 144, 199, 200
espectro-heliógrafo, 177
Estação Espacial Internacional, 15

FitzGerald, George Francis, 194
fogo-fátuo / quimera. Ver *ignis fatuus*
Fome, Comissão da, 168
formação de nitratos por tempestades de prótons, 207, 208
formação de nuvens, 221, 222
fotografia solar94; no Observatório de Kew, 95. *Ver também* foto-heliógrafo
foto-heliógrafo, 122, 123, 130, 162; Império Britânico, 172. *Ver também* fotografia solar
fotosfera, 120
Fox Talbot, William e as raias de Fraunhofer, 116, 117
Fraunhofer, Joseph von, 115, 116
Fraunhofer, raias de116, 120, 153; efeitos da atmosfera da Terra sobre, 120
Furze Hill, Observatório de, 91, 92; venda em 1861, 140, 141

Galileu Galilei, e suas observações de manchas solares, 43, 44
Galileu, nave espacial, 45
Galle, Johann Gottfried, 80
Gauss, Carl Friedrich, 72, 74
Gilbert, Williams, 66

Greenwich, Observatório de, 87, 87, 143, 144, 161; trabalho de Edward Walter Maunder no, 165, 174; recebimento do foto-heliógrafo de Kew, 163; fotografia e espectroscopia solar em, 165, 169
Guerras Napoleônicas, 52
Gulliver, viagens de, 54

Hale, George Ellery, 177; fundador da American Astronomical Society, 179; e o observatório de Kenwood, 178; casamento com Evelina, 177; e o observatório de monte Wilson, 196; e a erupção solar de julho de 1892, 178, 179; e o instrumento de espectro-heliografia, 177; e a Universidade de Chicago, 179, 196
Halley, Edmond, 67
Halloween, erupções do, 12, 13, 15, 144, 199, 200; efeito sobre Marte, 200; efeito sobre os planetas exteriores do sistema solar, 200
Herschel, John, 38, 63, 76, 78; medições com o actinômetro, 78; catalogação dos céus meridionais, 74, 75; morte de, 158 e as raias de Fraunhofer, 116, 117; e o magnetismo terrestre, 72, 73
Herschel, William, 39, 63; e os asteroides Ceres, Juno e Pallas56, 57; sugestão de conexão entre mudanças climáticas e o Sol48; e as oculares de vidro colorido, 48; e a análise da luz colorida49, 50; descoberta de Urano, 41; saúde, 59; e os raios infravermelhos, 51, 52; John Herschel, seu filho, 58, 63; observações solares e das manchas solares43, 46, 52, 53; trabalho sobre

248 OS REIS DO SOL

manchas solares-preços do trigo, 53, 58, 213

Hiorter, O.P., 31

Hodgson, R., 35, 36

Huggins, William, 163, 164

Humboldt, Alexander von, 65, 68 estudos magnéticos de, 68, 72

Hydro-Québec, interrupção de energia, 206

ignis fatuus, 28

ímãs, 66

Império Britânico, 72

inclinação magnética, 67, 68

Índia, Departamento Meteorológico da, 166

Índia, falta de chuvas de monções, 166

informações do núcleo de gelo; análise do berílio-10 no gelo, 221 análise de presença de nitratos no gelo, 208, 209

Instituto Indiano de Geomagnetismo, 206

Interrupção da rede de força, 206

Jevons, William Stanley, 167

Juno (asteroide), 58

Kelvin de Largs. *Ver* Thompson, William

Kenwood, observatório de, 178

Kew, Observatório de, 27, 31, 87, 103, 104; aquisição pela BAAS em 1842, 87; instrumentos magnéticos do, 33; e o foto-heliógrafo122, 123, 130, 162, 163, 169, 170; a Royal Society assume em 1872, 162; e a fotografia solar, 95

Kirchhoff, Gustav; e as raias de Fraunhofer, 118, 120; leis de, 120; e a

luz dos refletores, 116; e a análise espectral, 116, 120

Lago Valencia, Venezuela, 66

Larmor, Joseph, 201; teoria do fluxo de eletricidade, 187, 194, 195

Le Verrier, Urbain, 79

Loomis, Elias, 104; mapeamento dos eventos aurorais de 28 de agosto/2 de setembro de 1859, 110, 111; e as velocidades dos ventos de tornados, 105

luz de refletores, 119

magnetar, 225, 226

manchas solares: observações de Edward Walter Maunder em 1892, 174, 178; catálogo de manchas solares de Carrington, 145; conexão do clima com, 166, 168; correlação com a atividade magnética, 89, 188, 191, 219; observações do ciclo por Heinrich Schwabe, 88, 89, 93; e os ciclos econômicos, 167; formação de, 203, 204; observações por Herschel, 42, 46, 52, 53

manto magnético da Terra, 201

Mars Odissey, espaçonave, e as erupções do Halloween, 200

Maunder, Edward Walter, 157, 158; observações de manchas solares em 1892, 175; morte de Edith, 176; expedição à Índia para o eclipse de 1898, 184, 186; fundador da British Astronomical Association (Associação Astronômica Britânica), 173; e o Observatório de Greenwich164, 175; convite do Lick Observatory, 173; casamento

ÍNDICE

com Annie Scott Dill Russell, 183, 184; casamento com Edith Hannah Bustin, 166; fotografia do eclipse de 1898, 185; apresentação aos membros da RAS, 190, 194; análise de manchas solares e tempestades magnéticas, 188, 191, 215, 216

Maxwell, James Clerk, teoria da eletricidade, 182

Mercúrio, 71

Middle Devil's Jump, observatório de, 147

Midori 2, satélite meteorológico, 15

Mínimo de Maunder, 216, 219

Mínimo de Spörer, 219

Monte Wilson, Observatório do, 196

Netuno, 79

Newton, Isaac, 44

Olbers, Wilhelm Matthäus, 56

Pallas (asteroide), 56, 57

Pequena Idade do Gelo, 217

período de rotação solar de 27 dias, 189, 190

Período Quente Medieval, 219

Piazzi, Giuseppe, 55, 56

polo geográfico, 66, 67

polo magnético, 66, 67

Prescott, George B., 109, 110

Primeiro meridiano, 82

prótons, 208, 209

prótons, tempestades de, e a formação de nitratos, 208, 209

protuberância solar, 84; vista durante o eclipse solar de 1860, 131, 132

quantum, teoria do, 202

Radcliffe, Observatório, 101, 102, 121, 122

Radiação infravermelha, observações de Herschel, 51, 52

raios catódicos, 187

raios cósmicos; e cobertura de nuvens, 214, 216, 220, 221; dados da análise dos anéis de crescimento das árvores, 218, 219, 221; e a atividade solar, 214

Raios-X, 204

RAS. *Ver* Royal Astronomical Society (Real Sociedade Astronômica)

rastreadores estelares, 15

"rotação diferencial" do Sol, 99

Royal Astronomical Society (RAS), 35, 36, 73; e membros do sexo feminino, 172, 173. *Ver também* Astronomical Society

Royal Society (Real Sociedade), 41, 42, 73

Russell, Annie Scott Dill173, 174; casamento com Edward Walter Maunder, 184, 185; fotografia do eclipse de 1898, 185

Sabine, Edward, 73, 75, 85, 86, 179; observações magnéticas87, 90; aposentadoria de, 159; fotografia solar, 95

santelmo, fogo de, 22

Schröter, Johann Hieronymus, 47, 57

Schuster, Arthur, 192, 193

Schwabe, Heinrich, 70, 71; concessão da Medalha de Ouro da RAS em 1857, 96; e Richard Christopher Carrington, 95, 97; e os ciclos de manchas solares88, 89, 92; métodos de observação de manchas solares, 96

Secchi, Pietro Angelo, 134
Simmonds, George Harvey, 72; e o catálogo de estrelas setentrionais de Carrington, 97
sistema telegráfico: desativação em 1859, 35, 36; tempestade magnética de 28 de agosto e, 105; tempestade magnética de 2 de setembro e, 110, 111
SOHO. *Ver* Solar and Heliospheric Observatory
Sol: variações no brilho, 213, 214; extensão do campo magnético, 201, 201
Solar and Heliospheric Observatory — SOHO (Observatório Solar e Heliosférico), 11, 18, 202, 211
Southern Cross, clíper, 21, 23
Spörer, Gustav, 100
Stewart, Balfour, 103, 104, 180
Strange, Alexander, 160, 164; proposta de um laboratório nacional de astrofísica, 160, 161, 163

tempestade magnética, 68, 103, 104, 180, 183; de 28 de agosto de 1859, 104, 109; de 2 de setembro de 1859, 109, 110; classificação de William Ellis, 189; correlação com manchas solares, 89, 188, 192
Tempestade, A, 21, 22
teste de chama, 116, 117

Thompson, Joseph John, e os elétrons, 186
Thompson, William, ou barão Kelvin de Largs, 180, 183, 187
Titius, Johann Daniel, 56
Titius-Bode, lei de, 56
Tsurutani, Bruce, e as pesquisas atuais sobre a erupção de Carrington, 205, 207

Ulysses, espaçonave, e as erupções do Halloween, 200
Urano, 79; descoberta de, 40

vento solar, 202
Vênus, 45
vidro, fabricação de, 115, 116
Voyager 2, espaçonave, e as erupções do Halloween, 200

Wesleyana, Sociedade, 158
Wilson, Alexander, 45
Wilson, Patrick, 46
Wolf, Johann Rudolph, 92; observações de manchas solares, 92
Wollaston, William, 115

Yerkes, Charles, 180
Yerkes, Observatório de, 180, 196

Este livro foi composto na tipologia Sabon LT Std,
em corpo 10,5/15, e impresso em
papel off-white no Sistema Cameron da
Divisão Gráfica da Distribuidora Record.